这世上根本就没有怀才不遇

张天怡 —— 著

中国华侨出版社

图书在版编目（CIP）数据

这世上根本就没有怀才不遇 / 张天怡著. -- 北京：
中国华侨出版社，2016.7
ISBN 978-7-5113-6119-6

Ⅰ. ①这… Ⅱ. ①张… Ⅲ. ①成功心理－通俗读物
Ⅳ. ①B848.4-49

中国版本图书馆CIP数据核字(2016)第149484号

• 这世上根本就没有怀才不遇

著　　者 / 张天怡

选题策划 / 花　火

责任编辑 / 叶　子

责任校对 / 孙　丽

装帧设计 / 嫁衣工舍

经　　销 / 新华书店

开　　本 / 880毫米×1230毫米　　1/32　　印张 / 8.5　　字数 / 220千字

印　　刷 / 北京中振源印务有限公司

版　　次 / 2016年8月第1版　　　　2016年8月第1次印刷

书　　号 / ISBN 978-7-5113-6119-6

定　　价 / 35.00元

中国华侨出版社　　北京市朝阳区静安里26号通成达大厦3层　　邮 编：100028

法律顾问：陈鹰律师事务所

编辑部：（010）64443056　　　传真：（010）64439708

发行部：（010）64443051

网　　址：www.oveaschin.com

E-mail：oveaschin@sina.com

人生在世坎坎坷坷，即便这样，人们总是要活着，只要能活着就能证明你在这个世间存在的价值，可是又该如何活着呢？每天浑浑噩噩地过日子是一种活法，每天马不停蹄地奔波是一种活法，每天潇潇洒洒地行走在人生的道路上也是一种活法……当然大部分人还是能拥有美好的人生的。

现实生活中有这样一位朋友，他一直为自己美好的人生奋斗着。作为一位年轻有为的商人，他经营着一家编织工艺公司，虽然公司不是很大，但是凭着多年的拼搏和努力，其发展前途还是可喜的。可是这位朋友并不满足于自己现有的公司，却想着要拓宽自己的路，不顾他人的劝阻，漫无目的地发展项目。结果这个项目失败了，那个项目赔钱了，在交过几次失利的学费后，他终于懂得了：手伸得太长只能做无用功，只有抓住一项已经成熟的项目，踏踏实实地干下去，才能让自己取得成功，行动对于一个人来说太重要了。

是啊，在人的一生中，行动是多么重要！只有踏踏实实地做，才会一分耕耘一分收获。可是在很多时候，你也总想着努力，可努力似乎成了一句空话：因为自己很胖，于是就哭着、喊着，下定决心要杜绝美食、多做运动，但是第二天依然照吃不误；看着华丽的奢侈品，内心就泛起冲动，看着别人住上了舒适而华丽的房子就发誓，一定要好好努力赚大钱，但是几天下来，你也只是安慰自己，那只是说说而已；你买了很多书，却懒得翻一翻，便从此束之高阁；你去了一趟健身房，只是做了几下动作，就忙着和三五知己搭讪去了。

那些本应该努力的时光，你却只用来虚度、空耗；那些本应该行动起来争取到的幸运，你却只是动了动嘴皮，看起来似乎很努力，如此而已。人生不应该如此浪费，也许你认为自己不应该为难自己，然而，梦想最终破灭在你的从未努力里。你是否依旧把大把的时间浪费在证明自己已经很努力上？梦想并非遥不可及，只是你从未鼓起追求梦想的勇气。要知道，每个人在实现自己梦想的道路上并不是一帆风顺的，梦想的实现需要努力。

行动与做梦的区别是什么？我们又如何通过自己的努力实现梦想？你都可以在本书中找到答案。希望书中的故事，能够让你有所感触，从而踏踏实实地做事，让努力变成实干，将梦想变成现实，从而把我们的人生雕琢得富有艺术，让我们真实而洒脱地行走在生活的旅途中！

目录
CONTENTS

第一章
人生不差呐喊，要找到性格的缺陷

在人的一生中，如果总是喊着口号，却不努力去做，终究还是会一事无成。因此，当你觉得生活不公时就应该认真对自己的人生思量一下：你是否只是动了嘴？你是否总把事情寄托于"如果"？你是否让自己拥有独立的人格？……

你是不是只是动了动嘴

　　每个人都想自己的生活越来越美好，于是就不停地为自己规划着、叫喊着，可是美好的生活真的就是想出来、喊出来的吗？

　　曾看到过这样一句古语："临渊羡鱼，不如退而结网。"它的意思是说看到水中游来游去的鱼儿，与其站在潭边羡慕不已地想得到它，倒不如回家编个网捕鱼，这样就不会只有羡慕的份儿，自己的手中就会有实实在在的鱼了。

　　如果我们再把这句话做深层次的理解，联想到生活，就会让我们意识到：在生活中，想和喊也只算是一种形式，而要想真的达到目的还必须要脚踏实地地去做。

　　说到这，我又不禁想到了战国时期的赵括，在《史记·廉颇蔺相如列传》中对"纸上谈兵"记载得很详细。从小赵括就喜欢学习兵法，谈论军事，在他看来天下没有人能比得上他，即便是他的父亲赵奢，在与他谈论用兵之事时都难不倒他。但他的父亲从来不会夸他，于是他的母亲就奇怪地问他的父亲说："咱们孩子谈论军事的水平如此之高，你为什么从来不认可他呢？"赵奢回答说："用兵打仗关乎着生死之事，可是在他的眼中，这些事是如此容易。赵国不用赵括为将应该是幸事，而他一旦为将，让赵国走向失败的一定会是他。"

　　孝成王七年（公元前259年），秦军和赵军对阵于长平，那时赵奢已经去世，蔺相如也已病危，赵王派廉颇率兵与秦军作战，由于赵军几次被秦军挫败，廉颇坚守营垒不出，即使面对秦军的屡次挑战，廉颇也置之不理。秦军甚是费神，后来他们想到了个主意，就到处散布谣言说："最让秦军厌恶、忌讳的是马服君赵奢的儿子赵括做将军。"不明是非的赵王真把赵括封为将军，并把廉颇替换下来。蔺相如听到这件事后，劝赵王说："大王仅凭名声来任用赵括，就好像是用胶把调弦的柱粘死，再去弹瑟而不知道变通。赵括只会读他父亲留下的书，根本不懂得灵活应变。"但赵王并没有听蔺相如的话，依然用了赵括为将。

赵括代替廉颇后，原有的规章制度都做了改变，并把原来的军师也撤换下来。秦将白起了解到这些情况后，便调遣奇兵假装失败，又把赵军运粮的道路给截断，让赵军分成两半，赵军士卒离心。过了四十天，赵括在军队饥饿的情况下，亲带精兵与秦军搏斗，结果被秦军射死，赵括的军队大败，于是几十万大军投降，却都被秦军活埋。赵国前后损失共四十五万人，第二年，邯郸被秦军包围，后来赵国几乎不能保全，靠楚国和魏国的军队救援才得以解除邯郸被困的危机。

由此可见，想和做真是两个层次上的概念。赵括谈论军事，可以说是谁也不能难倒他，可是真正地实施起来，却变得如此幼稚而不知变通，就像他的父亲说的那样，对于用兵打仗这种关乎生死的事，在他的眼中却是如此容易。在真正临场时，他是那样的武断、刚愎自用地把廉颇正确的作战方法全都推翻，而且轻视敌方，显露出他思想的幼稚。被敌军将打仗行军的命脉——运粮的道路截断，从而使赵军士卒离心。后来经过长时间的对峙，他又带领饥饿的士兵杀入战场，结果让自己命丧于战场中，这又显现出他遇事不沉稳，分不清孰轻孰重。他不仅自己丧了命，也使得赵国险些陷入亡国的命运。

这种纸上谈兵的事情，在我们日常的生活中也是经常发生的。比如你把一本书放到面前，本来想一上午把它看完，可是手却又不自觉地拿起手机，不停地刷着朋友圈和微博，很快一上午的时间就过去了，那本书还静静地躺在那里；你是办了健身卡，也去了健身房，可是却只是跟好朋友搭讪；看着自己渐渐发胖的身体，就会哭着、喊着要多做运动、杜绝美食，可是你依然会无节制地把美食送入口中，舒服地睡懒觉……这样的事例太多太多，举不胜举。

这样做的结果是什么呢？这应该是每个人心知肚明的事，但谁也不会承认。之所以这样，是自己的惰性和对自己的过分纵容造成的，不要把自己的那份失落归罪于自己目前所处的外部环境，不停地怨天尤人，抱怨不休。生活是不会因为你喋喋不休的抱怨而改变它的常态的，它只会因为你的努力而让你的生活越来越有起色。

每个人的成功史上都会记载着辛酸的一页，也正是因为这些辛酸而让人们不断地成长蜕变，又不断地走向成功。但如果碰到困难时，只在那喊"我得努力，我要成功"，而不去踏踏实实地做，那面对你的只会是失败，成功离你永远都是那么远。

如果你想让自己的生活有所改变，让自己有所作为，就应该多一些真实的干劲，少说一些空话。人们常说，成绩是做出来的，不是喊出来的。喊着的努力只能是一张白纸，上面什么都没有；只有做着的努力才会让一张白纸变得五彩斑斓，并让这些绮

丽的色彩任意组合，点缀你的生活。所以当感觉生活对你不公平

的时候，一定要问问自己的心，你是否真诚地对待过自己？是否

真的脚踏实地去做了？

别老拿"如果"说事儿

"如果"这个词对于每个人来说太熟悉了，在我们说话或者写文章时总会不断地说"如果怎么怎么着，就会怎么怎么着""如果怎么怎么着，也许就能怎么怎么着"。可是人生中是否也要有"如果"呢？

有这样一位朋友，在她的求学生涯中，不管是在小学还是初中，直到高中得病，她一直都是众人眼中的佼佼者，但是不幸的是，她在高二的下半学期一只眼睛突然失明了，另一只眼睛也面临着失明的危险。这对于她来说是多么大的打击！但她并没有向命运低头，一直还在不断地努力着。凭她的优异成绩，考一所重点大学应该是轻而易举的事。可是在病魔的纠缠下，她只能上了一所专科学校。

那时我跟她谈起来时，总会为她抱不平，如果不是因为病魔，或许她的人生不会像现在这样。她却只是笑笑说："其实你知道吗？人生没有太多的'如果'，当你必须面对时，除了面对，就不要再说'如果'，否则一切都是无用的。"这也是我对这位朋友一直佩服的地方。

虽然她当时只是考取了专科，但她一直努力不懈，凭着自己的实力，在校时就实现专升本，到后来又考取了研究生。也许老天对她有所眷顾，虽然她的一只眼睛失明了，但另一只眼睛的视力却没有下降。后来她应聘到一所学校，在面试时，主考官被她从容的气度和令人佩服的才华所折服，她理所当然地成为该学校的一位老师。

现在她已经为人妻、为人母了，她的事业比较安稳，与丈夫也非常恩爱，但现在她已经把自己的重心移到家庭中，工作只求稳。很多时候我会问她："为什么你现在没有过去的那份干劲了？"

她依然只是对我笑着说："人不能太贪心了，到我这样的年龄，有了一份可以的工作，凭我现在的条件，我能做到对得起我的工资就可以了。现在对于我来说，家庭应该是最重要的。我不希望我的家庭出现什么问题，我只希望能珍惜现在的一点一滴，过好属于我的日子。"

朋友总是那么明智，她对自己的人生有太清醒的认识了，为了能让自己有一个美好的人生，在遇到人生最初的困难时，她没有妥协，而是不断地努力做着，用自己的执着和坚持为自己的人生找到定位。当她找到自己的人生定位后，并没有让自己萌生太强的欲望，而是静下心来细细地审视自己的人生，把自己摆到了一个正确的位置上。也许她的一生不会是轰轰烈烈的，但这样踏踏实实地过下去，又是多么幸福！

所以人生真不需要太多的"如果"，"如果"只是你不努力的借口或幌子。2014年曾流行过这样一句话："为人处事不打马虎眼，不当马屁精，不放马后炮，要的是快马加鞭，策马扬鞭，马到成功。"在这日新月异、迅速变迁的时代，社会的迅猛发展，容不得你想着如果怎么样，而是你究竟做了一些什么。不要说"我如果早知道努力，肯定会比谁谁要强得多"，因为，在你说"如果"的时候，人家已经是凭着自己的努力获得了成就，即便是你曾经才高八斗，曾经对方与你相比差得老远，而现实却是你在空叹，人家取得了实实在在的成绩。

威廉斯勒在1871年时是英国蒙瑞综合医科学校的学生，在那年春天，他对自己的人生充满了困惑，不明白该如何处理身边的具体小事和远大理想之间的关系。他对成功充满了渴望，可是觉得身边的那些小事根本没有太大的意义，甚至觉得枯燥无味的学校生活，不值得他用心，于是他的学习成绩每况愈下。在他找老师对这个人生的困难进行探讨时，老师向他推荐了哲学家卡莱里写的一本哲学启蒙读物，并告诉他可以从里面找到解决困难的方法。

威廉斯勒一向不崇拜大人物，也不相信所谓的名人名言，作为一位意志坚定的青年，他对许多问题都有自己的独到见解。可是书是老师推荐的，他觉得或许真的有用，于是漫不经心地拿过书浏览起来。突然间，他为书中的一句话而眼前一亮："最重要的，就是不要去看远方模糊的东西，而是要做手边具体的事情。"这让他深受启发，于是他明白了：不管理想多么远大，也应该一步步地去实现；不论工程有多么浩大，也是一砖一瓦地垒起来的。

在他想明白后，人生的困惑也就迎刃而解了。他已经认识到了，应该把那些远大的理想高悬在未来的天空里，现在最关键的是要做好自己手边的每一件具体的事情，而他现在最紧要的事情就是使自己的成绩提高。年轻的威廉斯勒从那天起开始埋头读书，半个学期后，他就一跃成为整个学校最优秀的学生。

威廉斯勒在两年以后以全校最优异的成绩毕业。他在毕业后去了一家医院做医生，对待每一位患者他都会极其认真，并且一丝不苟地对待每一次出诊。他的精益求精的精神和兢兢业业的态度，让他很快成为当地的名医。

威廉斯勒的经历再次告诉我们，人生的"如果"只是空想，只有认认真真地去做才能实现自己的梦想，所以人们会常说"理想是丰满的，现实却是骨感的"。如果丰满的理想再碰上"如果"，那么，你的这一生就只有空想的份儿了；如果着眼于现实，脚踏实地地做下去，那么就会使骨感的现实变得丰满。

所以，当你知道喝冷水会肚子疼，却偏偏喝了，肚子疼时再后悔，那应该是自作自受；明白"少壮不努力，老大徒伤悲"，却仍然得过且过，你的后悔也只能算作搬起石头砸自己的脚。只要自己有梦想，就不要轻言放弃，相信希望就在前方，只要你努力去做，不喊空话，一定就有希望。如果因为你的空想半途而废，也许你会为自己痛苦，并在一生中不断地折磨自己。要相信彩虹都是在雨后出现，璀璨的珍珠都是经过痛苦的磨砺才更加夺目的。

你要理解社会这个"磨损机"

　　社会是一个实体，虽然它一直默不作声，但却总有不动声色的力量。这种力量是如此的玄妙，它可以让一些人手中的石头变成金子，也可以使一些人手中的金子变成石头。

　　在经过十年寒窗苦读后，许多优秀的人才顺利地进入大学之门，他们被誉为"天之骄子"，并以此为豪。从跨入校园的那一刻起，就开始规划自己美丽的梦想，认为自己有超高的能力，甚至认为自己可以主宰这个世界。可是从大学毕业走向社会后，才能真正体会到理想的丰满与现实之间的差距。一直感觉自己可以像比尔·盖茨那样创业并取得辉煌的成就，也可以像某些真人秀的节目中的老板那样谈笑风生地调侃自己的创业史，可是在社会上经历一番风雨后，你才会认清原来并不是那么一回事！

美国演员Shirley Maclaine曾提出过这样的一个法则："在你20岁时，总会担心别人会怎么看你；40岁后就会猛然觉醒，何必在意别人是如何看待你的；但到60岁时，你才会发现，根本没有人管你。"通过这个法则总结出核心的理念就是：你在别人的眼里从一开始就不算什么。创维集团人力资源部总监也曾经说："年轻人只有沉得下去，才能成就大事。无论你多么优秀，到了一个新的领域或新的企业，刚出校门就只想搞管理，可是你对新的企业了解多少？对基层的员工了解多少？没有哪个企业敢把重要的位置让刚刚走出校门的人来掌控，那样做无论对企业还是对毕业生本人，都是很危险的事情。"

人们常说人生如戏，每个人总在社会错综复杂的关系中扮演着不同的角色，以维系自己的生存。如果想演好这些不同的角色，最关键的是认清自己、静坐观心。每个人的手中都会操纵着个人的自我意识，而社会却是这些意识形态的"磨损机"，这个"磨损机"是无比强大的，它随时都会让你找不到自我，失去自控的能力，让你产生各种各样的错觉。就像Shirley Maclaine所总结的法则一样，在年轻的时候总是担心别人怎么看待自己，于是就千方百计地表现自己，突出自我，可是往往事与愿违，反而起到相反的效果。人们在此时就会很容易产生一些负面的情绪，并在不知不觉中感觉自己被社会改变了。本来感觉自己是如此优秀，却在某一阶段变得什么也不是了；本来自己应该有着出色的才华，可是却处处碰壁，感觉自己似乎被欺骗了……

然而，阅历本来就是一种成长，在你迈入中年时，看得多了，认识的也深刻了，就会猛然醒悟，何必这样在乎别人的看法？为何不能活出自我？在你有了这样的想法时，不管是积极的还是消极的，都应该是一种境界，在这种境界中，你的人生也会表现出不同的形态，而这些形态应该有明显的两面：成功和失败。在社会的磨损下，你变得成功还是失败，心态起着至关重要的作用。当你迈入老年以后，对世间的一切会看得更淡了，其实并不是每个人所做的事都会被社会认可，大多数人在别人的眼中还是平淡的，于是在心中不免会有这样的感慨：活了一辈子，只是在乎自己在别人眼中是什么样子的，而很多人根本没拿你当回事！而且在此时你已经发现自己有了惊人的变化：曾经的乌发已经变成银丝，曾经的雄心壮志已经沉入海底，曾经的懵懂无知也变得成熟、理性，就在社会的不断磨损、改变中，你走到了人生的迟暮，那时又该有多少感慨呢？在你惊奇地发现社会这个"磨损机"时，希望不要为自己曾蹉跎的人生而后悔。

创维人力资源总监的话也为那些刚迈入社会的年轻人敲响了警钟，年轻人只有沉下心来，才能成就大事，这应该是刚迈入社会的那些自诩为天之骄子的大学生们最有利的法宝，面对社会这个"磨损机"，你只有不断地经历，才能求得发展。

在社会这个"磨损机"面前，你要做好充分的准备，磨损只对于消极的态度而言，对于那些积极应对、有所准备的人来说，这样的"磨损机"会成为创造奇迹的动力。在生命的每个转角，我们都能碰到机遇，我们如果不懈地努力，就能将这些机遇抓住。当然心中也要有清楚的目的，否则原来唾手可得的成功，或许也会成为过眼云烟。一定要让自己的内心变得强大起来，告别自卑，尊重自我，乐于奉献，不断地改变自我的思维方式，相信自己一定会拥有一个美好的前程！

十年河东，十年河西

人生总是一个漫长的过程，每个人在一生中都会有不同的境遇，对这种人事常态的变化，人们通常用"十年河东，十年河西"来进行比喻，是非常恰当的。是啊，人生兴衰荣辱起伏不定，你现在面临的境地可能不是以后的你能再经历的。

曾经有一个女孩，她是一个快乐而无忧无虑的姑娘。刚踏入职场的她冒冒失失的，她会打扮得花枝招展地去上班，会肆无忌惮地与同事们大声说笑。有一天她发现已经在这家公司工作三年的一位同事，看起来既漂亮，又文静、知性、洒脱。于是她羡慕，想着如果自己工作三年后，是否也会像她这样呢？

当她看着二十七八岁的同事们忙着买房结婚时，她的心里总会充满着无限的迷茫；当她听到年龄稍大的同事们聚在一起讨论打折购物和生孩子时，她感觉这一切离她是如此遥远，不知在不久的将来自己又会如何面对。然而，当她进入同样的年龄后，拥有了曾经憧憬的一切，但她却感觉到自己对未来仍然是一无所知，不知道以后的人生会给她带来些什么。

其实这也是人生的常态，人生毕竟有太多的不可预知。就比如说，也许今天你还坐在这一家公司里急急忙忙地赶做着一个项目，可是不知哪儿就出现问题了，明天你可能就会在烈日的炙烤下，为自己找工作而四处奔波；也许此刻你还曾与他在一起卿卿我我，可是经历过一段美好的时光后，彼此竟会各奔东西……

于是你可能会忍不住问："为什么我的生活会这样？"甚至会对自己的人生产生怀疑，然而这是大可不必的。其实人生本来就是一种承受，许多事该你面对时，你就不能躲避。在你最爱的人舍弃你而去的时候，即便你呼天抢地也无济于事，本来生活就是聚散无常的；当有人在你的背后说三道四时，任你巧舌如簧也是百口莫辩，本来这世道就是起伏跌宕的。人们在得志时，就会好事如潮；失意后，又似落花流水。所以不要把一切看得太重，一切委屈、无奈都并不是你能左右的，最关键的还是你做到了多少。

在过去的中原地区有两个村庄毗邻，它们之间隔着一条河，河东边叫河东庄，河西边叫河西庄。河东庄比较富足，那里居住着许多富户，他们做官经商，住的是深宅大院，有车有马，有房有地，有权有势。富足的河东庄当然名气大，而那里的人也是傲气十足。

河西庄是一个穷村，那里的人们很穷，他们都是布衣平民，住的是土房草舍，有的甚至连地都没有，只能靠给河东的富户做长工、打短工度日，由此很受河东庄人的歧视。但河西庄人却坚信将相本无种，富贵不由天，他们勤奋敬业，也注意对孩子们的教育。

斗转星移，岁月更替，在三十年后，两个村的情况发生了巨大改变。河东人的子弟们骄奢淫逸，不知上进，整天就知道斗鸡遛狗，游手好闲，不务正业；经商的人诚信渐失，做官的也常因贪污犯事，很快几个大户变得衰败起来，不得不将自己的宅地卖掉，成了穷人。但河西的弟子在良好的教育下，有的及第做官，有的学会做生意，最差的那些没有田地、打长工的，也渐渐地盖房置地，村子很快就变得富裕兴盛起来。目睹着这样的变化，一位在村子里生活了十年的老人常常会叹道："富贵不是常青树，贫穷不能穷到底。"

从这个故事中我们不难看出，不管是由好的状态向劣的状态变化，还是由劣的状态向好的状态转变，人们用什么样的心态去面对应该是非常关键的。河东的居民本来是富户众多，但人们却因富裕而傲气十足，其子弟也骄奢淫逸、不思进取，最终走向衰败；而河西居民坚信将相本无种，富贵不由天，在不断地努力下，终于让生活变得富裕兴盛起来。所以老子会在《道德经》上说："有无相生，难易相成，长短相形，高下相倾，音声相和，前后相随，恒也。"

有一位朋友，他在任何困难面前都不会畏惧，只要心里的目标确定后，就会勇敢地前进。他自己开了一家公司，可是却倒闭了，并欠了很多债。后来又做公关，虽然积累了一堆关系，但钱却没有赚到。他虽然经历了不少的挫折，却一直折腾不休，别的朋友会在背后笑话他干啥啥不成，但他却笑着说没有关系，起码他能在每一次失败中找到原因，这些失败也只是他成功到来之前的试手罢了。

几年过去后，他开始做品牌代理，过去几年累积的资源在他这个项目中得以整合，经过不断的努力，第一年就取得了不俗的业绩，不但盈利，还将以前所欠的债务全部还清了，成为圈内品牌代理的佼佼者。当别人向他提起以前欠钱的日子时，他总是充满着乐观，觉得自己丝毫没有跌至人生的低谷，在他的理念中，从没有"低谷"这个词。

人生就是这样在大起大落中不断前进着，你永远也想不到下一刻会发生什么事情，也弄不清楚为什么命运会这般待你，但你有思维，有想法，有作为，可以把自己的逆境改为顺境。不管面对什么样的人生变故，只要你有一颗奋斗不息、明智自醒的心，你一定会看清生活的方向在哪里，这些挫折也会让你把最初的浮华褪掉，用一种谦卑的眼光来看待世界。人们常说，这个世界离开谁都照样转动。不管你存在与否，明天的落叶总会往下飘，在你无法预知事态的情况下，一定要踏实地活在当下，让自己朝着正确的方向攀升。

没有生活的目标，你的人生只是一盘散沙

人生是一次重大的旅途，目标就是行动的指南。所以在人生的旅途中需要首先树立一个正确的人生目标，如果对自己的人生目标拿不准，很容易让你的人生成为一盘散沙，这不但会让你因为做无用功而浪费时间、浪费生命，也容易让人误入歧途。

在美国西点军校的教材里记载着这样一个故事：

一支远征军正在一片白茫茫的雪地里穿行，他们正在行走着，突然一位士兵捂住双眼，痛苦地喊道："天啊！我怎么什么都看不见了！"很快，几乎所有的士兵都被这种怪病侵袭。

后来这件事在军事界掀起了轩然大波，人们后来明白了这件奇怪事情的真相。谁也想不到，让那么多军人失明的罪魁祸首竟

然是他们的眼睛。当时他们的眼睛从一个点落到另一个点，不知疲倦地对这个世界搜索着，如果不停地这样搜索却无法落到一个点上，就会让眼睛过度紧张而导致失明。

人们的眼睛，在一片白茫茫的雪地里，在不知疲倦地长时间搜索后，却因找不到一个落点，而过度紧张导致失明。人生不也是如此吗？一个人没有目标地活着，只能是一具浑浑噩噩的行尸走肉，毫无目的地生活在人世间。但如果目标过多，也就等于没有目标，使人生变成一盘散沙。所以有一句拉丁格言这样说："每一个人都是他自己命运的设计师。"美国非常有名的耶鲁大学在1953年对应届毕业生做了一个调查："你们毕业以后，是否有非常具体的人生目标？"调查发现97%的学生对自己以后的生活没有明确的规划，只有3%的学生回答有人生的目标。后来耶鲁大学对这批同学做了跟踪调查，发现那些曾经有明确目标的3%的学生，经过20年的奋斗后，都成为社会上优秀的人才。所以说有了目标，人生就有了一个好的开始，朝着这个目标不断地前进，与成功的距离就会越来越近。

1982年出生于澳大利亚墨尔本的尼克·胡哲天生没有四肢，但他并没有因为身体的残障而屈服于命运，而是用他的智慧、感恩以及他仅有的带着两个脚趾头的小"脚"活出了生命的奇迹。

他在整个童年阶段不仅仅要学会如何学习，还要与孤独和自卑做斗争。他也曾经对自己产生过怀疑，不停地问自己"为什么我一出生就没有手足""我为什么与周围的其他孩子不一样"。在尼克七岁的时候，对许多特殊设计的电子手臂和双腿做了尝试。他是多么希望自己能与其他孩子有更多相似的地方啊！但在使用这些电子手臂一段时间后，尼克感到人们对他的凝视眼神并没有因为他使用这些东西而改变。而且对于他来说，这些设备简直是一种束缚，这严重影响到了他的灵活性。

随着不断的成长，尼克逐渐学会了如何应对自身的不足，并开始一点一点地独立做越来越多的事情。他的成长环境让他变得越来越适应，并找到用电子手足才可以完成做许多事情的方法，比如说洗头、刷牙、游泳、用电脑。他在七年级的时候，学校推选他为学生会主席，与学生会的其他成员一起处理残疾组织和地方慈善机构的各种事情。

尼克在毕业后，继续学习深造，他获得了财务策划和会计的双学士学位。尼克在19岁时开始追逐他的梦想，那就是努力用自己充满动力的演讲和亲身经历鼓励他人，给他们带去希望，并帮助他人找到自我存在的价值，当然那也是他本人存在的目标……尼克一直全心全意地做着。

尼克在2005年被提名为"澳大利亚年度青年"荣誉称号。这是一项授予青年人才的很高的荣誉，以肯定他对社会和国家做出的贡献。它仅授予那些真正可以激励别人的人。

也许在许多人的眼里，上帝对尼克很不公平，而且尼克本人对此也持怀疑的态度，可是尼克并没有因此而放弃自己的人生，而是为自己确定了一个又一个的目标。最初他想着使用电子手臂或双腿来拉近与正常人的距离，可是他感觉这样不会成功。于是就让自己来适应这样的生活状态，不但自己能做到常人做的一切，而且能和正常的人们一起从事一些复杂的事务。在他毕业后，尼克继续朝着自己的目标前进，从未停止不前。

在通往自己梦想的征途上，尼克并不只满足于对自我的完善，善良的他希望能通过自己的演讲，让自己的经历成为鼓励他人的动力，希望能给人们带来希望。他不但实现了梦想，而且也从中找到了人生的真谛：生活中所遇到的任何需要努力奋斗的事情都应该有一个目标，而且可以战胜困难的唯一有效因素就是面对它们的态度。在他的不断努力下，他不但让自己的人生有所改变，而且也有益于他人。

只要人降临到这个世间，就会有其存在的意义，要牢牢记住最基本的理念就是你是在为自己而活的。所以首先必须要善待自己，不要让自己的人生失去存在的意义，一定要为自己寻找到一个前进的目标。有了这样的目标，你才可以明确自己前进的方向，才不会做无用功。成功必须要付出汗水，在你有了目标后，成功之前所经历过的失败、痛哭、大笑都可以让你有所收获。如果你在人生中没有目标，做什么都只是让别人看，这与傀儡又有何区别？你又如何体会到人生存在的价值？所以要想让自己活得精彩，活得真实，一定要先为自己树立一个人生目标，切不可让自己的人生成为一盘散沙。

所谓的"出路"，是必须迈出第一步

我们从进化史那里学到了什么？那就是当生命遇到障碍时，它会选择拥抱自由，让新领域得以拓展，并将所有的障碍突破。可能这个过程充满着痛苦和煎熬，甚至存在着危险，但路总是人走出来的，对于人生来说，找到一条成功的道路又是多么有意义啊！

他是一位普通的农民，但他的故事在日本却引起了强烈的反响。他就是创造"奇迹苹果"的木村秋则。这位日本青森县的栽种苹果的农民，凭着一股傻劲，坚持无农药、无肥料的种植方式，在贫穷、困顿中取得了成功。在日本栽苹果需要使用40～50次农药，即便要尽量减少使用农药，也要用5～10次。

但不管怎么说，对于已沿用了百年用农药栽培苹果的地方来说，用无农药栽培想都不敢想。可是这位带有一股傻劲的木村在坚持了八九年后，使他的无农药苹果树开出了花朵。在这个过程中，他付出了很大的代价，他必须要一天到晚不间断地与那些虫害做斗争，也会因看着逐渐枯萎而死去的苹果树而苦恼。而且他们家唯一的经济来源就是苹果，因为不喷洒农药，苹果不结果，让他的孩子面临挨饿的境地，但这并没有让他改变自己的决心。再加上他的妻子对农药过敏，使他更坚决地要把这项事业做成功。

到了第九年的春天，原来停止生长的苹果树竟获得了新生命，长出了新的树枝，在接近800棵苹果树中，有一半枯萎了，而另一半中仅有一棵开出了7朵小花，虽然花开得少，但这让他对这9年以来的第一次开花感到异常欣喜。而这7朵花中，有2朵结果，后来这两个苹果被一家七口人一起分享了。第十年的时候，木村的果园终于开满了花，结出了不用肥料和农药的苹果，这种苹果比其他苹果都香甜可口，而且保存的时间非常长，已经切成两半的苹果居然不会烂，只会枯萎缩小，最后成为有甜蜜香味的水果干。

成功后，木村并没有对自己的成果沾沾自喜，他说："人类能够做的事没什么了不起，大家都说，木村很努力，但其实不是我，而是苹果树很努力。"又说："没有比当傻瓜更简单的事了。既然想死，那就在死之前当一次傻瓜。"还说："一旦为一件事疯狂，总有一天，可以从中找到答案。"

木村取得了成功，但这个成功是来之不易的，十年看似一晃而过，但对于正在苦苦跋涉中的木村来说，却是一个非常艰苦的过程。很多条件都可以昭示出，他所做的这项事业是行不通的，可是他却不信，偏偏用自己的不懈努力让不可能发生的事变成了现实。

木村的成功也告诉我们这样一个事实：出路一定是自己走出来的，一定要相信自己能做到！

很多人都会面临这样的问题：当迈入大学的门槛后，发现自己竟变得越来越懒，变得越来越宅，而不想让自己做一些事。即便有时间，宁愿休息，也不愿走出宿舍的门口，经常会待在寝室里上一天网。他们能感觉这不是自己想要的生活，可就是不想改变自己。

面对这样的困惑，我们又该怎么办？那就需要你重新拾起被自己丢弃的热情，我们并不是没有努力过，想想在高中时的奋力打拼，我们为何要放弃努力呢？毕竟现在还年轻，还有很长的路要走。虽然为自己找到一条出路并不是很容易的事，而且也难免会遇到错误的出口，但是千万不能放弃自己。

当我们曾经的热情被唤醒后，就好比是找到了打开心锁的钥匙，它将会为我们打开一扇门。至于这是一扇什么样的门，我们无从知晓，但在打开门的那一瞬间就会让我们明白，我们必须要经历一些过程，而且这些过程必然是痛苦的，但只要你一直不放弃，一个豁然开朗的通道就会向你打开，它将会通向另一个精彩人生的出口，只要你能鼓足勇气，这里就是你新征程上的出发点。

曾经有这么一则有趣的故事，一位捷克籍的法学博士普洛罗夫对美国圣·贝纳特学院毕业的学生进行了一项调查，调查的内容是："你在圣·贝纳特学院学会了什么？"他在几年中共收到3756封回信，竟有70%以上的学生的回答是知道了一支铅笔的用途。

普洛罗夫博士对这样的回答感到十分意外，也非常不解，他难以想象究竟一支铅笔有何用途，能让这么多的学生念念不忘。

普洛罗夫带着这样的疑问，走访了纽约市最大的一位皮货商，他被这位皮货商告知："贝纳牧师让我们知道了一支铅笔的用途。我在最初认为写字是铅笔唯一的用途，可是后来在贝纳牧师的指引下，我发现铅笔原来有很多用途，比如，用铅笔做礼物可以送给朋友；用铅笔做尺子可以画线；用铅笔做生意，可以获得利润；削下的铅笔屑可以做装饰画；将铅笔芯抽掉后可以做吸管；用铅笔段可以做玩具的轮子；铅笔芯被磨成粉后，可以做润滑剂……"

普洛罗夫博士接下来又走访了许多人，他发现从圣·贝纳特走出的学生，不管是贫穷还是富贵都会拥有一颗乐观的心，生活过得非常幸福，而且能至少说出一支铅笔的20种用途。普洛罗夫博士不久就在美国放弃了寻找工作，回到以前他一直都不想回去的祖国。多年后，他成为捷克最大的网络运营商。

也许我们在生活中遭遇到许多失败和挫折后，会对自己产生怀疑，并容易产生悲观的情绪，感觉自己就是一个彻底的失败者。

其实此时你只是被失败蒙蔽了双眼，忽略了自己的长处。所以此时更应该擦亮自己的眼睛，找准自己的位置，让自己的心沉静下来，仔细地思考一下，其实生活中并非只有一种出路，就像一支铅笔那样，在真正对它有所认识后，它的用途是多么的广泛！人生也是如此，当一条路走不通时，不如换个方向，坚定地走下去，肯定会让自己找到出路。

还是鲁迅的那句话说得好："世上本没有路，走的人多了，也便成了路。"人生最遗憾的事不是过错，而是错过。人们之所以能做到，是因为相信自己可以做到，希望是人生最大的资产。所以说愚蠢的人会放弃机会，平常的人会等待机会，而只有勇敢的人才会创造机会。

不要依赖他人，学会自己拼搏

人生就是一种机缘，每个人的出生由不得自己选择，你会降临到一个什么样的家庭，这是天注定的。虽然先天的养成我们无法选择，但后天的成长却得由自己拼搏，所以人生拼什么就显得很重要。在现实生活中，对于绝大多数人来说，最明智的选择就是拼自己。所以，既然我们没有先天的资本，就要打起精神，鼓足干劲，拼体力、拼知识、拼汗水、拼智慧……在你锲而不舍的努力下，一定可以拼出属于自己的那份人生辉煌和幸福。

记得在一个谈话类节目中看到这样一个故事：

在一个家庭中有哥哥和弟弟。在父母看来，哥哥是一位比较沉稳、进取强心、比较顾家的孩子，而弟弟却是一位好吃懒做、没有生活目标、只会伸手向家里要钱的孩子。这还算是一个比较富足的家庭，家里经营着一个家庭式的作坊，靠一家人辛勤劳作，日子过得还是很不错的。

因为哥哥是一位比较可靠的人，所以父母就非常放心地把一切事务都交给哥哥打理，弟弟只能算是一位打工者，平时的花销都要向父母索要。偏偏这个弟弟又是位只想着天上掉馅饼而不脚踏实地干活的人，所以长此以往下去，矛盾就产生了。弟弟总怨父母向着哥哥、亏待自己，而父母和哥哥也总是对弟弟抱有恨铁不成钢的心态。这样双方的矛盾就越来越尖锐，直到有一天，因为经济问题，双方产生了巨大的冲突，弟弟只能搬离这个家。

可是搬离这个家的弟弟还是一如既往地不知上进，生活的困难就可想而知了。转眼间到了他的妻子快生孩子的时候，因为母亲不放心，就搬到了这位弟弟那里，与他们一起住。此时的母亲看到自己的儿子总是在家闲着不出去挣钱，心里甚是着急，但她又不希望再给家里带来经济负担，于是在那寒冷的天气里，自己到街上卖点小零食以维持孩子的生活。那么冷的天气里，年迈的母亲在街上摆小摊来维持一家的生计，而这个弟弟却总以妻子待产为借口，不去找工作。这让他的母亲非常伤心，于是搬离了弟弟的家，回到自己家里，虽然也十分挂念自己的孩子，但对于孩子这样啃老的做法太失望了。

后来，弟弟的生活实在维持不下去了，又找到了自己的家人，可是家里已经把他当作"混世魔王"、家庭的累赘。想帮助他，对他没有一点信心；不帮助他，可是毕竟还是亲人。非常难以取舍，于是来到这个节目进行调节。在调节的过程中，这个家庭的父亲面对自己恨铁不成钢的孩子流下了泪水还是挺感人的，他哭着对这位弟弟说："孩子啊，你现在不踏踏实实地过日子，以后我的小孙子谁能养得起啊，我为他们担心啊！"当时这位弟弟看到父亲那不轻易掉下的泪水，脸上充满了悔意，他感觉到自己曾经的做法伤害了自己的父母，希望父母能原谅他。在节目的调节下，双方达成了令彼此满意的协议，但是真不知在以后的日子里，这位弟弟是否真能改掉自己好逸恶劳、啃老的恶习，让自己成为一名有担当的父亲。

做一个啃老族是一件多么悲哀的事情啊！在这样的情况下，容易忘掉自己的责任，让自己在生活中没有目标，只能成为一个依附他人的寄生虫。也许在父母在时，还有骨头可啃，但父母总有离开的那一天，到那时，又该啃谁呢？更可怕的是失去了生存的本领，生活在这个世间还有什么意义呢？到那个时候遭人冷眼，再去埋怨，再去后悔，那一切都已晚矣！在人生这个短暂的过程里，永远都不会有后悔药卖。

拥有自立、自强的品格是一个人一生中极宝贵的财富。你如果总是想从别人那里获得帮助，自强、自立就会很难保住。只有独立自主，只有依靠自己，才会让自己变得日益强大。

第二章
梦想的托盘在哪里

　　我们每个人都会为自己订立一个梦想，可是很多人却在追求这个梦想的过程中放弃了自己的梦想。这对于一个活着的人来说是多么遗憾的事啊！一个人活在世上，不能实现自己的梦想，就使得人生的价值得不到实现。所以，为了实现你的人生梦想，要找到一个托盘，稳稳地抓住它。

做个有梦想的咸鱼

每个人都有自己的梦想，但从"想到"到"得到"，"做到"应该是最关键的一步。人的一生就像毛毛虫一样，毛毛虫只有破茧而出才能变成蝴蝶，这是一个痛苦的过程，而人只有经历这样痛苦的过程，才能有人生的蜕变。

曾看到过一则关于咸鱼翻身的故事。据说香港在以前是渔港，那时渔民没有先进的设备，更没有冰，出海打鱼归来总会把多捕的鱼用大量的盐腌上，以不让鱼发臭。被腌制的鱼等渔民回港时，很多已经僵硬，跟木乃伊似的。但如果在捡这些鱼的时候，突然发现还有一条能蹦起来，就被人们惊奇地认为是"咸鱼翻身"。这条有着极强生命力的"咸鱼"通常也会被人们看作美好的兆头，寓意着生活将会出现360度大转弯。

19世纪初，一位远近闻名的富商住在美国的一座偏远小镇里，他有一个儿子名叫伯杰。在一次晚餐后，伯杰看到窗外街灯下站着一位与自己年龄差不多的青年，他身材清瘦，显得羸弱，穿着一件破旧的外套。

于是他走下楼，问那位青年为何在这里长时间站着，青年满怀忧郁地说："我有一个梦想，希望自己也可以拥有一座宁静的公寓，可以在晚饭后站到窗前欣赏这美妙的月色。可是这对于我来说太遥远了。"

"那你认为离你最近的梦想是什么？"伯杰问年轻人。

"我现在最大的梦想就是在一个柔软、宽大的床上美美地睡一觉。"年轻人说。

伯杰说："我可以让你的梦想成真。"于是他带着那个年轻人到了他的富丽堂皇的公寓，来到自己的房间，指着那张豪华的软床说："这是我的卧室，你可以睡在这里，你肯定能像在天堂一般舒服。"

伯杰在第二天清晨起得很早，他在推开自己的卧室门时，却惊奇地发现床上的一切都整整齐齐的，根本没有人睡过。疑惑的伯杰走到花园，发现在一条长椅上，那个青年正甜甜地睡着。伯杰将他喊醒，不解地问他说："为什么你会睡在这里？"

青年笑笑说："你已经给了，我足够了，谢谢……"说完，青年头也不回地走了。

30年后，伯杰与青年在一个湖边度假村落成的庆典上相逢。在此，伯杰听到了青年的发言。他说："我今天首先感谢的是在我成功路上帮助我的第一个人，他就是30年前的朋友伯杰……"说完，他径直走到伯杰面前，并在众人的掌声中紧紧地拥抱他。伯杰此时才恍然大悟，原来30年前的那位贫困青年，竟是眼前这位名声显赫的钢材大亨特纳。

特纳在酒会上对伯杰说："在你把我带入寝室时，我真难以想象梦想会出现在眼前，但那一瞬间也让我明白，这张床不属于我，这样来的梦太短暂，我必须离开它，我要把梦想交给自己，寻找属于自己的那张床，我现在终于找到了。"

是的，梦想是自己的，一定要努力地把梦想抓住，虽然它看似虚幻缥缈，但只要自己不断地努力，一步一个脚印地朝它走下去，相信一定会有机会等待着自己，让自己的梦想成真。

小晴一直在对自己的生活充满抱怨，这也是非常正常的事，因为她每到月底一定会超支，不管表现得如何乐观，但总有等着她的账单，她的日子是如何过来的，可能也只有天知道，不过她还是这样过下来了。但随着越积越多的债务，她的日子越来越难过，虽然工作时间加长了，可是感觉收入并没有增加。于是她对梦想产生了怀疑，感觉自己在未来应该很难翻身，只能把曾经的梦想丢到了一边。

她曾经想成为一个有名的作家，也想拥有属于自己的房子和家庭，可是她感觉自己现在的处境与自己的梦想差了十万八千里。她也曾想过，如果自己还年轻些，就会脱离这样的工作，去做一些能让自己感兴趣的事，可是越积越多的账单已经让她没有资格谈论离开这份还算稳定的工作了。

于是她被困住了，被困在一个她既不感兴趣，薪水也并不高的工作里。其实她也能感觉到，很多同事似乎对这样的工作都没有兴趣，他们如同自己一样，这份工作对他们最大的意义只不过是为了糊口罢了。在这样的困境下，小晴渐渐地把她童年的梦想和希望放弃了，现在她也只能勉强度日。

其实，像小晴这样的经历也是困扰着我们大部分人的苦恼。我们总为自己设立一个美好的梦想，可是在生活中却如此地不尽如人意，在无形中陷入困境里。而且最悲哀的是面临这种困境时，我们从来不从自己身上找缺点，而是怨天尤人。就像小晴这样，她为什么会变得入不敷出？以至于使得这种经济上的困窘让自己一步步陷入不可自拔的境地？她没有想怎么去改变现状，而是不断地埋怨生活。而且在很多情况下，并不是生活不赋予你机会，而是你自己不善于抓住机会，不去创造机会，所以才会让自己变得如此失败。

曾经有人说道："青春本是残酷的，你如果在青春的路上觉得孤独就对了，那是让你认识自己的机会；你感觉生活黑暗就对了，那是让你发现光芒的机会；你感觉自己无助就对了，那是让你知道自己内心有多强大的机会。"所以，最关键的还是你如何看待这样的问题，采用什么方法去解决你的人生困惑。咸鱼并不是没有翻身的机会，你要做的就是一定要抓住让自己翻身的机会。

你为人生的坚持打几分

梦想是一位绝代佳人,她那幽深的眼眸总能让我们看到未来的希望。但这位绝代佳人又不太容易被抓住,这让我们在实现梦想的道路上会走许多曲折的路。在这个过程中,你是否曾经对自己的梦想动摇过?你又能为自己的坚持打多少分呢?

大家都知道史泰龙是一位世界顶级的电影巨星,他的人生是极其光彩的,也是充满艰辛的。年幼的史泰龙很不幸,他成长在一个酒赌暴力的家庭,他和母亲常常是父亲赌输了撒气的对象,而喝醉酒的母亲又拿史泰龙作为出气的对象,他也由此经常被打得鼻青脸肿。

史泰龙在高中毕业后,当起了街头的混混儿,直到20岁那年，他的心被一件事刺痛了，感觉如果自己再继续下去，就会与父母一样成为社会的垃圾，所以他下定决心一定要让自己成功。

于是史泰龙开始思考自己的人生该如何规划。他感觉自己从政的可能性几乎为零，经商却没有任何资金，想进入大的公司，可是自己既没有经验也没有文凭，思来想去他也没有找到一项适合自己的工作。于是他便想到了当演员，虽然当演员也需要条件和天赋，但相比于其他工作来讲，他认为演员还是比较适合自己的，于是便认准了这条路。

于是史泰龙来到好莱坞，寻求一切能让他成为演员的人，他求导演，找明星，找制片人，到处哀求"给我一次机会吧，我一定会成功的！"可是他换来的只是一次又一次的拒绝。

史泰龙依旧痴心不改，他认为世界上没有做不成的事，自己一定要取得成功。两年一晃而过，史泰龙已经遭受到1000多次拒绝了，他身上的钱已经花光了，只能在好莱坞做一些粗重的零活来养活自己。

面对困境，史泰龙是多么不甘心，他不停地问自己："我难道真不是当演员的料吗？难道酒赌世家的孩子就只能当赌鬼和酒鬼吗？不行，我一定要成功！"史泰龙已经记不清自己有多少次暗自垂泪、失声痛哭了。

"既然我不能当演员，为何不能改变一下方式呢？"史泰龙感觉自己应该重新规划自己的人生道路，便转向创作剧本。在好莱坞两年多的耳濡目染和失败的求职经历，使得史泰龙与以往已经大不相同了。剧本在一年之后终于写了出来，他又拿着剧本四处遍访导演："让我当男主角吧，我肯定能做好！"

"剧本写得还可以，可是当男主角，简直是天大的玩笑！"他还是遭到拒绝。"也许下一次我会成功！我一定能行！"面对一次次的失望，总有希望的信念支持着他。终于在他遭受1300多次拒绝后的一天，曾经一位拒绝他20多次的导演给了他这样的答复："你是否能演好，我不太清楚，可是我却被你的精神所感动。我可以给你一次机会，可是我要把你的剧本改成电视剧，你可以做男主角，但只先拍一集，看看效果后再说。如果达不到预期的效果，你最好从此断绝这个念头吧！"

经过3年多的准备，史泰龙在这一次终于可以一显身手了。所以，他全身心地投入，丝毫不敢懈怠。他演的第一集电视剧当时创下了全美最高的收视纪录，史泰龙理所当然地获得了成功。

由此可见，每个人在通往成功的道路上并不都是一帆风顺的，关键是你是否牢牢地抓住自己的梦想一直努力地做下去。对一般人来说，在遭遇到1000多次拒绝后，早就对自己失去了信

心，可是刚毅的史泰龙却没有放弃自己的梦想，相信自己一定能

改变自己的处境，相信自己一定能成功，于是他凭着这股坚韧的

毅力终于获得了成功，成为世界顶级的电影巨星。

幸福是对自己的改变

在人们的意识里，都有懒惰的本能，并因此渴望能够得到命运更多的眷顾，希望自己在与卑微和困难做斗争的时候，有神灵垂青于我们，幻想着能得到更好的帮助。

但很多时候，这些只能算是最不切合实际的幻想，真正能被我们自己掌握的是对自己的改变。在人的一生中，我们时时刻刻都面临着改变，那么，我们应该如何实现自己幸福的改变呢？如何才能不虚此生呢？

一位年轻的法国人很穷，后来他以推销装饰肖像画起家，用了不到10年的时间，他迅速跻身于法国前50大富翁之列，变成了一位年轻的媒体大亨。但他很不幸患了前列腺癌，并于1998

年去世。

法国的一份报纸在他去世后刊登了他的一份遗嘱，他在这份遗嘱中说：

"我曾经是一个穷人，但以一个富人的身份跨入了天堂的门槛。在我弥留之际，我决定把自己成为富人的秘诀留下，如果谁能从'穷人最缺少什么'这个问题中，猜出我成为富人的秘诀，就会得到我的祝贺，我会把在私人银行保险箱内留的100万法郎，作为揭开贫穷之谜的睿智之人的奖金，也是我在天堂给予他的掌声与欢呼。"

有18461个人在遗嘱刊出后，把自己的答案寄过来，这些五花八门的答案应有尽有。

穷人最缺少的是金钱是绝大多数人的答案，他们认为如果穷人有了钱后就可以变成富人了。也有一部分人认为，穷人之所以穷，是穷在"背时"上面，他们因为缺少机会而让自己变得越来越穷。还有一部分人认为，人之所以穷是因为缺少技能，因为身所无长才会穷，如果有一技之长，他们一定会迅速变富。也有人说穷人最缺少的是关爱和帮助……

后来在公证部门的监督下，在这位富翁逝世周年纪念日上，他的律师和代理人将银行内的私人保险箱打开，将他致富的秘诀公布，他认为：穷人最缺少的是成为富人的野心。

只有一位年仅9岁女孩的回答是正确的，大家对这个结果都相当吃惊。在100万法郎的颁奖之日她接受了众多记者的采访，她说："我姐姐每次把她11岁的男朋友带回家时，总是警告我说'不要有野心！不要有野心！'我于是便想，也许野心能让人得到自己想要的东西。"

这位曾经由穷人转变成富人的富翁，在他经历的过程中，总结出这一转折最关键的字词，也就是"野心"，不要把"野心"这个词只作为一种贬义，从某种意义上来说，它是人们进取的一种动力，有了这种动力，人们才会不断地向前进，让自己的境遇有所改变。

这位9岁的小女孩的回答也挺有意思，其实在她的脑海里，"野心"这个词应该是没有具体概念的，但当她听到姐姐会那么警备地劝自己不要有野心时，让她感到也许野心会让人得到自己想要的东西。然而小姑娘的想法是正确的，她与在天堂的富翁的观点不谋而合，于是她得到了100万法郎的奖励。小姑娘看似幸运，其实也是因为一时想法的改变让她意外获得了奖励，当然小姑娘也会因此而赢得幸福的生活。

1930年的一个初秋的早上，从东京某公园的长凳子上爬起一位不足一米五的矮个子年轻人，然后他会从这个"家"走出去，徒步去上班。由于他拖欠房租，在公园的长凳子上，他已经睡了两个多月了。他是一家保险公司的推销员，虽然他每天都在勤奋工作，但收入却少得可怜。

这位年轻人有一天来到一家寺庙拜见住持，他在寒暄几句后，就滔滔不绝地向住持介绍起投保的好处。住持非常耐心地听他讲完话，然后平静地说："你对投保的介绍，丝毫没有引起我的兴趣。"

年轻人这时愣住了，住持接着说，"人与人之间，像你我这样相对而坐时，应该让对方感觉到你有一种强大的魅力，这样对方才会喜欢和你交谈。你如果连这一点都做不到的话，将来也不会有太大的成就。"最后，住持嘱咐年轻人说："小伙子，先努力改变自己吧！如此，你的境遇自然会改变。"

年轻人从寺庙里出来，他一直思考着老和尚的话，并有所悟。他接下来组织专门针对自己的"批评会"，每月举行一次，每次会请5个投保客户或同事吃饭，他为此甚至不惜将自己的衣物拿去典当，他的目的就是希望让他们能指出自己的缺点。

他在每次"批评会"后，都有一种被剥了一层皮的感觉，这样他将自己身上的劣根一层又一层、一点又一点地剥落下来。随着自己的劣根性渐渐地消除，他感觉到自己在不断地进步、成熟和完善。

这个人就是推销王原一平，他被美国著名作家奥格·曼狄诺称为"世界上最伟大的推销员"。

原一平的销售业绩至1939年止，荣升全日本之最。并从1948年起，连续15年保持着全日本销售第一的成绩。他于1968年成为美国百万圆桌会议的终身会员。

原一平的成功经历给我们很多的启示。当他拜访住持时，他的那一套滔滔不绝的理论并没有打动住持，并让住持感觉他是一位没有魅力的人。于是，主持告诉他要先从改变自我着手，这让原一平很受启发，认为自己身上有许多的劣根性，而这些劣根性需要一层又一层地剥下来。人们常说旁观者清，所以原一平借助他人对自己的批评，将自己身上的劣根性去除，从而让他得以不断地完善自己。

由此可见，如果你想要获得幸福，必须要从改善自我开始，不管是你所处的生存环境，还是你目前的状态，或是你身上所具有的品性都要加以改变。

如果你还没有梦想，那就为自己树立一个梦想，达到梦想你就成功了；如果你有梦想，却只是一个劲地喊着要实现梦想，那么你把"喊"变成"做"，梦想就在你的前方；如果你觉得你所处的环境不太适合你的发展，那么你就换一个大一些的平台，让自己展翅高飞……

生活是自己的，你的每一份成就都要靠自己去创造，每一份

快乐都要靠自己来感受。对别人的改变是事倍功半的，但对自己
的改变却是事半功倍的，所以一定要相信自己，美好的生活从改
变自己开始!

陌生的路，要擦亮眼看看

人生本来就铺设了多种道路，而且人们也希望能顺畅地走下去。其实当为自己选择一条新的道路时，人们心里就会有无限的欣喜，即便走起来可能会比较坎坷，但每得到一点收获，就会让人生多几分意义，对于陌生的路该如何走下去呢？不妨把你的眼睛擦亮吧。

小欣于1992年毕业于某师范学院，她在大四实习时来到长春，看到当时的美容院非常红火，这让她感到十分有兴趣，便决定创业。她的父母对她的这种想法非常反对，认为大学生不应该干这样的活儿。但小欣却坚持了自己的想法，并很快地付诸行动。她认为如果当时先找到工作再创业，就会让机会从自己身边白白地溜走，便用借来的10万元钱，开了一家30多平方米的小型美容院。刚开始的半年，小欣并没有赚到钱，可是她却不急，在她看来，赚钱与做事业是两个不同的概念，如果没有承担风险的能力，根本就做不成企业。

"7日美白""7日祛斑"在那段时间很流行，也有不少老板乘机大赚了一笔。但小欣却对客人们说："虽然这种技术可以在短时间内帮您摆脱雀斑的困扰，可是会让您的脸上褪去一层皮，新长出的皮容易失去抗菌和抗紫外线的能力，由此产生的后患无穷。"在小欣看来，为客户负责，就是为自己的事业负责。她也一直坚持自己这样的经营理念和价值观念，并且身体力行。

当小欣迈过初期艰难的创业阶段时，她曾感慨地说："如果以赚钱为目的，就会急功近利，最终会砸了自己的牌子；如果以做事业为主导思想，就会有长远战略，用发展的眼光看问题，这样才能得到顾客的认可。顾客越信任你，你的生意就越红火，这样，路会越走越宽。"小欣在正确的经营理念的引导下，于1994年收回了首批投资，接着开了一家更大的店；她于1997年再次把店扩大，后来她凭着良好的业绩，在长春市的黄金商圈成立了一家占地面积达2000多平方米的实业公司，实现了人生的飞跃。

小欣每年都要拿出10万元左右的学费让自己进行充电，她不会参加免费培训，在她看来，只有交了钱的才能珍惜学习机会，学有所成。而且她认为自己也在此学到了许多有用的东西。

小欣作为一名大学生，毕业后开美容院的确是一件让人不可思议的事，但她感觉这份事业值得做，而且每走一步都是那样稳。她不但能抓住商机，也会用正确的经营理念来引导企业正常运行，对于自己，小欣也是不断地充电，参加各类培训活动，从而让自己对创业有更全面的认识，为企业的发展带来了更大的发展空间。

其实，我们每个人在每个时刻都面临着新的选择，能看到新的风景应该是非常美丽的事，但是很多时候我们在选择道路的时候，掌握不住自己的方向就容易误入歧途。正确对待你要选择的道路，就一定要擦亮自己的眼睛，为自己找到更好的发展空间。

2010年10月2日晚，巴西里约热内卢赢得2016年奥运会主办权，在新闻发布会上，来自各国上千个媒体的镜头同时对准了一个人，他是一位白须、面容饱含沧桑却精神矍铄的老者。当对着众多媒体镜头时，这个老人竟喜极而泣，毫不掩饰地落下了热泪，他哭得满面通红，几次把手帕掏出来拭泪。这个不懂得掩藏，不顾及体面的老人就是巴西总统卢拉。

作为一国的元首，他代表着一个国家和这个国家的全体国民，怎么能当众流泪？难道他不怕自己的"出格"行为遭到非议？在国际奥委会委员投票之前，巴西里约是不被人们看好的，谁也不相信它能申奥成功。因为南美洲历史上从没有举办过奥运会，更何况三个实力强大的对手——芝加哥、马德里和东京是非常有竞争力的，人们都认为巴西肯定会输，甚至有人毫不讳言地批判在所有申报的城市中，里约是条件最差的一个，至多算个陪衬罢了。面对这些无情的评判，卢拉并不畏惧，也没有退缩，他用自己对体育的由衷热爱和特有的真诚，为自己的国家和城市做动情的陈述，最终打动了奥委会委员的心，从而夺取了最后的胜利。

在别人眼中一直是陪衬的巴西，却在卢拉和他的团队的努力下变成主角，又如何言表这份欣喜和激动！所以卢拉哭了，哭得如此酣畅痛快。第二天，卢拉流泪的图片被全球各大媒体刊发，并配题为："总统哭了，巴西哭了。"当然这包含着人们对巴西和卢拉的赞誉和褒奖，全无贬损之意。

对于这次申奥来说，巴西是成功的，巴西总统卢拉用自己对体育的由衷热爱和特有的真诚，战胜了三个实力强大的对手，并改写了南美洲历史上没有举办过奥运会的记录。所以他会哭，并哭得如此痛快，这也证明了他们选择的路是正确的，而且是精彩的。我们每个人的一生都是不断向前行走的旅途，在这个旅途中，我们总会面临着对前方道路的选择。我们会碰到很多困难，而且许多困难会让我们觉得自己一无是处，但是困难只是一时的，只要我们能把自己的眼睛擦亮，找到属于自己的正确方向，前面的路一定会很好走。

该面对的，就不应该躲避

　　岁月就像贼一样，在流过的时光中偷走太多美好的东西。说好了曾经生死与共的人，到最后却陷入老死不相往来的境地；曾经有着无限大的梦想，可是面前的困难却让人不知所措……面对这样的情况，我们又该如何去做呢？

　　有这样的一个故事，从前有一个少年，他的人生中充满了坎坷，他在十岁的时候，母亲因病去世，他的父亲却是一位长途汽车司机，长年在外。当他的母亲去世后，他就必须要学会做饭、洗衣，独立地生活。可是老天并没因此而垂怜他，在他十七岁时，父亲又丧生在一次车祸中，这个少年从此身边没有了亲人，也没有了任何的依靠。

　　但这并没有预示着噩梦的结束，在经过丧父之痛后，少年终于走出了悲伤，能够独立地生活了，不幸的是他的左腿却在一次工程事故中没有了。对于少年来说，生活似乎处处充满着悲苦，可是这一连串的不幸和意外并没有让少年绝望，而是让他变得越来越坚强。接下来的生活他会用心去面对，很快他就学会了如何使用拐杖，即便自己不小心跌倒后，他也不会向别人伸出请求的手。

　　他不断地努力着，后来为自己积蓄了部分钱财，他将所有的积累算了算，正好能开个养殖场。可是此时老天爷又跟他开了一个大玩笑，他最后的希望被一场突如其来的大水无情地冲跑了。他终于忍无可忍，愤愤不平地来到神殿前，冲着上帝怒气冲天地问道："为什么你非要对我如此不公平？"并将自己不幸的经历对上帝一五一十地细说。

　　听完少年的遭遇后，上帝微微笑了笑说："原来是这样啊，的确，你很惨，可是你为什么非要活下去呢？"听了上帝的嘲笑，少年气得颤抖着说："您何苦这样捉弄人呢？我之所以不死，是在经历了这么多的不幸后，已经没有什么事让我感到害怕了。我相信我总会有一天能靠自己的力量创造自己的幸福。"听完少年的话，上帝转向别的一个方向说："你看，这个人生前要比你幸运得多，可以说是一帆风顺地走到生命的终点，可是，他最后的一次遭遇与你没有两样，他也是在一场洪水里失去了所有的财富，但不同的是，他因此而选择了自杀，你却勇敢地活了下来。"

其实人生本来就是充满着坎坷的，就看你如何去面对，年轻人在经历过丧失亲人之痛后，知道了如何照顾自己；在经历了失去左腿的痛苦后，知道了勇敢地站起来；在经历了一切努力被洪水冲走后，知道了困难不可怕，只要自己一直坚持下去，就一定能创造属于自己的幸福。其实，经历本身就是一种财富，在你与困难做斗争的同时，你获取的可能会更多。一帆风顺的日子，也不见得就好，因为没有经历过，当大的困难袭来时，就会非常恐慌，不知如何面对。所以该面对的就要勇敢面对，老子曾说过"祸兮，福之所倚；福兮，祸之所伏"，只要用心去做，一定会把失败扭转为成功。

在很小的时候，巴雷尼因病变成残疾，母亲看到孩子可怜的样子，她的心像刀绞一般。最终她还是把心中的悲痛强忍住，她感觉到此刻孩子最需要的是帮助和鼓励，而不是妈妈的泪水。于是她来到巴雷尼的病床前，拉着他的手说："孩子，在妈妈的眼里，你是一位有志气的孩子，我希望你能在人生的道路上，用自己的双腿勇敢地走下去！巴雷尼，你是否可以答应妈妈的要求？"

巴雷尼的心扉被母亲的话打开，他扑到母亲的怀里，"哇！"的一声大哭起来。妈妈从那时起，只要有空就会帮助巴雷尼练习走路、做体操，他们经常会累得满头大汗。巴雷尼的妈妈有一次得了重感冒，她认为一个合格的母亲，不仅要言传，更重要的是身教，所以尽管她发着高烧，仍然帮助巴雷尼按计划练习走路。妈妈的脸上淌下黄豆般的汗水，她用干毛巾擦擦后，咬紧牙，坚持着帮助巴雷尼把当天的锻炼计划完成。由于长时间的坚持，残疾给巴雷尼带来了不便，可是因体育锻炼，他的体质得到很好的弥补，而母亲的榜样作用，更使巴雷尼深受影响。

命运给他的严酷打击终于被他克服。他的成绩因为他的刻苦学习而一直在班上名列前茅，并以优异的成绩考入维也纳大学医学院。巴雷尼在大学毕业后，用全部的精力致力于耳科神经学的研究，他最终获得了诺贝尔医学奖和生理学奖。

人们在一生的道路中，遇到困难的概率非常大，这是很正常的事，巴雷尼因为自己小时候得病变成了残疾，这对于他来说是多么的不幸！但他又是幸运的，因为他有一位与他共同面对的母亲，不管有多么难，母亲总会与他一起面对困难，教会他用坚强的毅力面对生活，从而克服了命运中的磨难，最终获得了诺贝尔医学奖和生理学奖。所以说，在人生中一切皆有可能，可能与不可能之间就隔着你的努力，只要你朝着正确的方向努力做，成功总会出现在你的面前。

在生活中，解决困难的方法毕竟总比困难要多，在短暂的人生中，世间万物一直都在变化着，我们也不知道接下来将会发生什么事、会遇到什么困难。翻看每个人的人生经历，谁会在一生中过得称心如意？或许现状我们无从改变，但我们可以改变自己的心态，勇敢地面对现实，有问题就把问题解决掉，有事情就要把事情做好。当生活中充满了躲避与抱怨时，人生的幸福可能就到头了；当生活中充满了勇气和智慧时，苦难也会是幸福的开始。

把你的努力交给时光吧

时间总是在默默地流淌，你为它付出的努力，也许不会在短时间内获得回报，但是它会给你一个过程，在这个过程中。你会有足够的时间通过长久的努力，来让结果符合预期的效果。

他是一位匈牙利木材商的儿子，但却生得呆笨，被人们讥笑为"大头"。的确是这样，他除了在九岁时因遵守秩序而在学校里获得一枚玩具螺丝外，其他奖励什么都不曾获得。他在12岁时做了一个梦，梦到他的作品被诺贝尔看到了，且有一位国王为他颁奖。他想把自己做的这个梦告诉别人，但又怕被别人嘲笑，于是最后他只告诉了妈妈。

妈妈说："如果这真是你的梦，那么你肯定会有出息的，我听说过，当一个看似不可能的梦被上帝放到一个人的心中时，上帝便会给予他帮助。"对于梦和上帝的这层关系，这个男孩从来没听说过，但既然是妈妈说的，他就信以为真了。他感觉自己真是天下最幸福的人，那么大的世界，上帝在芸芸众生中选择了自己，怎么能不让他感到幸运呢？为了不辜负上帝的期望，他从此真的喜欢上了写作。

"如果我能经得起考验，上帝一定会帮助我的。"正是在这样的信念的引导下，他开始了自己的写作。三年过去了，他却仍然没有见到上帝；接着又过去了三年，他还是没有看到上帝。他期盼的上帝始终没有来，但希特勒的部队却来了。作为犹太人，他被送进了集中营，数百万人在那里失去了生命，可是他由于有着坚定的信念而活下来。后来，在走出奥斯维辛集中营时他是多么激动，他认为自己又可以从事梦想中的职业了。

于1965年他终于写出了第一部小说《无法选择的命运》；又于1975年写出了另一部小说《退稿》，而后，他又接着写出了一系列作品。他已经不再关心上帝是否帮助他，后来，他得到瑞典皇家文学院的宣布结果：2002年的诺贝尔文学奖授予匈牙利作家凯·泰斯·伊姆雷。

当这位名不见传的作家被人们邀请来谈一谈获奖的感受时，他说："也没有太多的感受，我只是知道，当你说我就喜欢做这件事，再多困难我都不在乎时，就会有上帝抽出身来帮助你。"

凯·泰斯·伊姆雷之所以能获得诺贝尔文学奖，并不是上帝神力的帮助，而是他不懈努力的结果，因为他开始并没有太出众的才华，所以当他做梦自己得到诺贝尔奖时，不敢对别人说，只告诉了妈妈。在妈妈的鼓励下，凯·泰斯·伊姆雷从来没有放弃过自己的梦想。虽然被送到集中营中，但他却有坚定的信念，这种信念不但支撑着他活下来，而且还让他收获了更多的人生经历，从而写出了一部又一部优秀的小说，最终他实现了自己的梦想，获得了诺贝尔文学奖。所以时间是块试金石，它可以让你失去一切，也可以让你拥有一切。

水到渠成。所以，人生不应该有太多的计较，只需要配合着日出日落的频率顺时而行。把一切交给时间，相信你的努力在被时间这块试金石检验过后，会出现美丽的风景！

你敢不敢一条道走到黑

人们常说："三百六十行，行行出状元"，所以人间有千万条道路，总有一条会适合你。当你为自己选择了要走的路时，就要一直走下去，要有一条道走到黑的勇气。其实，在人生道路上遇到苦难和挫折都是正常的，如果没有决心走下去，就容易迷失方向，理想也就无从谈起。

在20世纪90年代，找一份众人眼中的"体面"工作并不太难，毕业于名牌大学的老戴，却执着于餐饮业，一直继续着大学时的梦想。

老戴当年在武汉吃到当地的一种鸭脖，突然有了这样的想法：这么好吃的鸭脖为何只在武汉有呢？如果将它带向全国，这可是一个非常好的商机，于是他找到这家鸭脖店的老板，并把自己的想法告诉对方。很快双方成为无话不谈的朋友，并达成了合作协议。老戴从这家老板那里学到了制作鸭脖的技术，并记下了一本厚厚的学习笔记。

他很快就获得了成功，并采用了加盟连锁的商业模式在全国开了很多门店。在他看来，好的东西也是从模仿下手。他们生产的鸭脖采用秘制卤水熬制，并辅以20余种调味料、香料，整个生产流程需要经过近20道工序。为了确保产品的口味良好，在产品制作上，他保留了传统的卤制工艺，其余均实行自动化管理。

一般国内的小吃都缺少"标准化"，而老戴之所以成功就是他们的"专注"和标准。他的总部有大大小小、形式不一的实验室，就像是一间工厂，用来研发各种口味的鸭脖。只有经过检验后，这些研制出的各种口感的鸭脖才会在各大生产基地进行标准化生产。老戴又在这几年内将鸭脖与微信、微博、移动支付等联系到一起，使用新的商业形式来推销鸭脖，让"土包子"一下子变得"高大上"起来。

经过这么多年的打拼老戴总结出：大学生如果想获得成功，应该有多种路径。选择就业时不仅要把视野放在高科技等"高门槛"领域，餐饮服务等传统行业的就业机会也有很多。所以他说"现在评价优秀毕业生的标准已经颠覆了，卖煎饼果子的也逐渐被大众认可""一个人一条道走到黑就有可能成功"。

老戴作为一个名牌大学毕业的学生，本来可以找一份比较体面的工作，可是因为在上学期间就对餐饮业非常感兴趣，就这样一条道走到了"黑"，而且一直坚定不移地走下去，因为他确实看准了这个非常有利的商机，而且对自己也非常有信心。在其不断的努力和正确的管理下，终于把鸭脖由武汉引向全国，并借助现在的通信工具，让"土包子"变得时髦起来。人生处处有路可走，只要自己认定的路是正确的，一定要坚持地走下去，这样你才能让自己的人生价值有所体现。

在中国的球迷眼里，科比·布莱恩特是仅次于"飞人"乔丹的国际巨星。他与队友奥尼尔分手之后，带领洛杉矶湖人队几次杀入总决赛，并拿下单场83分，排名NBA联盟历史第二的个人记录。可是科比很不幸地与总冠军几次擦肩而过，因此他被奥尼尔嘲笑过，也被外界质疑过。

可是这并没有让科比放弃自己总冠军的梦想，他不会发表任何言论，只是用自己的行动来证实自己的实力，终于他在2008—2009赛季中夺得总冠军，并在M2009—2010赛季中卫冕成功，从此，外界对他个人能力的质疑烟消云散。

科比并没有因为失败而对自己产生怀疑，在他看来，自己是有实力的，所以面对嘲笑、面对质疑他不理会，只用自己坚定的信念一直坚持下去，终于夺得了总冠军。由此可见，当你认准了自己要走的路时，不要因为外界的压力而对自己产生怀疑，一直用心做下去，该取得的成绩一定会出现的。

从前有一位书生在翻越一座山时，遭遇到一个拦路抢劫的山匪，看到山匪时，书生立马撒腿逃跑，可是山匪对其穷追不舍，他走投无路了，只能钻进一个山洞里。紧跟着山匪也追到了山洞里。追到山洞深处时，书生终于在劫难逃，被山匪在黑暗中逮住。山匪不但对书生进行一顿毒打，而且将其身上所有的钱财，包括一把准备为夜间照明用的火把也夺走了。幸亏山匪没有要书生的性命。然后他们两个各自寻找走出山洞的出口，在这个极深极黑的洞里，似乎不容易找到洞口，而且洞中有洞，更难以走出去。

山匪手中有火把，可以看清脚下的石块，也能看清楚周围的石壁，他不但不会碰壁，而且也不会被石块绊倒。可是由于他看得太仔细，总觉得这条道也对，那条道也不错，怎么也走不出这个洞，最终他因精疲力竭而死。失去火把的书生，因为没有照明，只能十分艰辛地在黑暗中摸索着前行，他走得十分艰辛，并不时地碰壁，也总会被石块绊倒，跌得鼻青脸肿。可是，因为他置身于一片黑暗之中，使得他的眼睛变得敏锐起来，能感受到透进洞里来的微光，迎向这缕微光爬行，最终，他逃出了山洞。

从这个故事中我们不难看到，其实在黑暗中前行也并非完全不幸。在黑暗中，人们总能得到在正常的顺境中无法得到的锤炼，而这些都是人们通向成功的保证，所以不要惧怕自己眼前的黑暗，路该怎么走一定要走下去，相信成功就在前方。保尔·柯察金曾经说过："人的一生应该是这样度过的：当他回首往事时，不因虚度年华而悔恨，也不因过去的碌碌无为而羞耻。"

第三章
拾得起，放得下，摘下
星星也从容

　　每个人在实现自己的梦想的道路上并不是一帆风顺的，梦想的实现需要努力。在这个过程中仅靠努力也是不行的，你得具备"拾得起，放得下"的胸怀。然后一步步走下去，你就会看到梦想就在前方。

梦想需要不懈的努力

　　仔细想想，人生仿佛就是一杯没有加糖的咖啡，虽然喝着充满苦涩，但却有久久不能退却的余香。在这充满甜蜜和苦涩的一生中，人生需要奋斗，而那些一心一意为了一个目标而不断努力的日子，应该是我们在生活中最让人感动的日子，即便我们的奋斗目标很卑微，它也是让我们感到非常骄傲的，因为一个伟大的成就是那无数卑微的目标积累起来的。

　　古文学泰斗裘锡圭教授与另外两名学者于2009年4月一起联名写了一封推荐信，再加上复旦大学的申请一起送到教育部，请求对一位只有高中文凭的38岁三轮车夫给予特批，让他考取博士。很快这个申请就得到了许可，而这位三轮车夫也不负众望，凭借优异的成绩通过层层考核，最后以"准博士生"的身份，将复旦大学的校门叩开，这位三轮车夫就是蔡伟。

蔡伟在很小的时候就对古代文学非常感兴趣，练习书法也是他特别喜欢的爱好，而且让他意想不到的是，在临摹书帖时，自己对中国古代文字产生了浓厚的兴趣。蔡伟进入高中后，语文成绩一直出类拔萃，很多情况下，语文老师遇到生僻字也会向他请教。升入高二后，蔡伟在《文史》上偶然看到裘锡圭教授的一篇论文，从此他就被文字学深深吸引。但是因为英语和数学成绩不好，蔡伟高考落榜，高中毕业后只能成为一家胶管厂的工人。可是胶管厂的经济效益一直不好，工作3年后，蔡伟下岗了。为了维持生计，他只能在一家商场门口摆摊，但因为生意不好，便蹬起了三轮车。

对物质生活没有太高要求的蔡伟，在工作之余将古文字研究作为自己全部的精神寄托。蔡伟把凡是能抽出来的时间大部分都泡在了锦州市图书馆里，他在这里饱读古代经典。可是很多古籍图书馆不让外借，对于蔡伟来说复印费又太贵，于是他想出"抄"这一招来。《尔雅》和《方言》这两本晦涩难懂的"小学"典籍被他全文抄写下来，并且能倒背如流。他还在手抄《尔雅》的扉页上写下了"积微言细，自就鸿文"的勉励语，意思要从细微处积累，努力奋进，一定会取得意想不到的成就。这不仅是他的自勉，也是在他心中一直深藏的梦想。

经专家引荐，蔡伟于2008年9月来到上海，复旦大学出土文献与古文字研究中心《长沙马王堆汉墓简帛集成》项目的整理工作接纳他参与。蔡伟在与同事们经过一段时间的共事后，他在古文字研究上表现出的能力让人刮目相看。尤其让人称奇的是，蔡伟对古籍经典记忆力非常惊人，一些研究中心的研究生需要找很久的史实或资料，蔡伟竟可以很快说出其出处，并能迅速地翻阅到某本古籍的第几页给予佐证。

经过这次合作，复旦大学出土文献与古文学研究中心的教授们一致达成共识：务必破格让蔡伟报考博士，让他成为古文学研究的专业人员。在裘教授等多名学者的大力推荐下，已经坚持自学20年的蔡伟终于于2009年4月获得了考博的机会，并最终顺利通过了考试。

蔡伟的成功之路是一条多么漫长的道路啊！20年的坚持和不懈努力，他终于让复旦大学的教授们刮目相看，并是如此急切地将他破格录取为博士，成为古文学研究的专业人员。从此蔡伟终于找到了属于自己的空间，也可以在这样的空间里无拘无束地自由翱翔了。我们在生活中很多时候都会扮演一个卑微的色，即便是卑微，梦想依然存在，而梦想终究会让我们变得不卑微，只要一直坚持不懈地努力下去，终有一天，我们可以获得自己意想不到的成功。

在19世纪的丹麦，在欧登塞城的一个贫穷鞋匠家里，一个小男孩诞生了，他的父亲是鞋匠，母亲是一位佣人。因为家庭非常贫困，在父亲去世后，为了维护生活，母亲不得不带着他改嫁。有一天他得到去晋见王子的机会，并满怀希望地在王子面前唱诗歌、朗诵剧本。他的表演获得王子的赞许，表演完毕后，王子向他询问该给他什么赏赐。这个穷孩子也大胆地提出要求说："我想写诗剧，并能有机会在皇家剧院演戏。"

可是眼前这个长着小丑般大鼻子的笨拙小男孩并不被王子看好，王子从头到脚把他看了一遍，对他说："你能够背诵剧本，并不代表你可以写好剧本，这应该是两码事，你最好还是去学一门有用的手艺吧。"可是回家后的小男孩并没有听王子的劝告，他将自己的储钱罐打破，并向母亲和对自己从不关心的继父道别，离开家去追寻属于自己的理想。他在此时仅14岁，但他相信只要自己努力，一定会让"安徒生"这个名字流传千古。

到了哥本哈根后，他挨家挨户地按门铃，所有的达官贵人的门铃几乎都被他按遍了，但他却得不到任何人的赏识，他穿着褴褛的衣衫在街头流浪，但他心中的热情却丝毫不减。他终于在1831年发表了吸引儿童目光的童话故事，并开启了属于自己的新篇章。他的故事被译成多种文字后，成为家喻户晓的经典。而此时距离他离开家已经有16年之久。

作为世界童话故事作家的代表人之一，小时候的安徒生应该是一个"丑小鸭"，当他在王子面前唱诗歌、朗诵剧本时，也得到过王子的赞许，但因为外貌太差而没有被王子看好。可这并没有让安徒生对自己失去信心，而是回家后拿了自己储存的钱，告别了母亲和对他漠不关心的继父去寻找属于自己的理想。在追逐理想的过程中，他也遭到非常人能忍受的冷遇，但这些都不足以浇灭他对理想的那份热情，他相信自己，只要努力坚持下去，一定会让安徒生这个名字流传千古，结果他真的做到了。所以，如果你有梦想，也不妨坚持不懈地努力做下去，相信终有一天，你一定会找到属于自己的成功。

欲速则不达

我们中国有一句古话是这样说的："欲速则不达。"现在流行的一句挺著名的广告词也这样说："简单，就是一次把事情做彻底。"可是我们在做事情时往往恨不得一口吃成一个大胖子，结果总是事与愿违，反而做了许多无用功，那我们又该怎么做呢？让我们看看宝洁集团发展的兴衰史，并从中得到一些启示。

雷夫利于2000年6月在宝洁总部正式出任宝洁集团CEO，这一事件在很多人看来是一次"宫廷政变"。前任CEO贾格尔因为激进和冒失而被来自集团内部的保守力量推翻，使雷夫利成为众望所归的唯一"储君"。雷夫利上台后没有走保守的路线，而是掀起了一场能改变宝洁命运的"温柔革命"。

在任一年零五个月的前任宝洁公司CEO贾格尔，成为宝洁"寿命"最短的CEO。由于他的一系列激进计划的失败，使宝洁公司两年股票的每股收益率只有3.5%，股价下跌52%，公司市值缩水达85亿美元。而宝洁160多年的历史所培育出的极具家庭观念的保守主义，也成为贾格尔这个激进主义者失败的另一个重要原因。

雷夫利汲取了贾格尔的教训，他不想再犯同样的错误，他把开发用户品牌、重点维护重点老品牌作为其上任后的第一要务。要求所有的部门经理集中精力销售如佳洁士、汰渍等成功品牌的产品，将新研发品牌的工作勒令停止。市场很快就认可了雷夫利品牌回归的方案，宝洁公司的股价在其上任后的3年间上涨了58%。

雷夫利不但要抓住老品牌做文章，而且还在公司内部进行了一场"温柔革命"，他改变了前任贾格尔的处事方式，改变贾格尔粗暴的工作方式，而是尽量变得平和；在任何事上贾格尔都会表现得盛气凌人，而雷夫利却尽量婉言相劝，因为这种平静坦诚的交流，雷夫利的许多主张得到员工们的理解，长达160多年历史的宝洁又翻开了历史的新篇章。

从宝洁公司前后两任CEO身上我们不难发现，过于激进的处理方式总会适得其反。贾格尔因为他的激进，使宝洁公司两年股票的每股收益率只有3.5%，股价下跌52%，公司市值缩水达85亿美元；雷夫利却因为他的"温柔"手段使宝洁公司的股价在其上任后的3年间上涨了58%，让宝洁又翻开了历史新的一页。所以在很多时候，激进、求快并不能证明你就能获得成效，关键还是效率。要做有价值的事，不做无用功。

南非建设德塞公园时是在国际上招标的，一家德国的设计院在此项目中中标。这件事却受到不少非议，市民对建成后的公园有诸多不满，并找出许多不尽如人意的地方。后来，南非人建造公园就不再用外国人了。

南非人在20世纪70年代，自己动手修建了一个很大的公园，这个公园的名字是克克娜公园。让人想不到的是，南非人在两年后的看法发生了惊人的转变。是什么原因导致了这种转变？首先在南非雨季到来时，克克娜公园总会被大水所淹，可是德塞公园却没有一点受淹的痕迹。原来在建公园时，德国人不但为整个公园建了下水道，还把地基垫高了50厘米。当初这也是人们不理解的地方，直到大水淹来之时，南非人才明白德国人此举的用心良苦。

在进行集会时，克克娜公园由于公园的大门过窄而经常造成安全事故。人们在此时才想起德塞公园大门的宽敞方便，可是人们在当时对过大的德塞公园大门予以严厉的批评，感觉没有克克娜公园大门秀丽，而且看上去有点傻气。

克克娜公园的地板地面磨损严重，过了几年后不得不翻修，而德塞公园的地板却坚如磐石，回想当时因为石板路投资过高，南非人差点让德塞公园建设停工，双方曾为此争得面红脖子粗。当地人一度曾认为德国人太死板、太愚笨，但现在才感觉到德国人是对的，他们在设计时考虑到南非的方方面面，包括地理与环境、天气与季节等，而南非人在建设公园时却没有考虑到这些。

建成后的德塞公园很多年都没有变样，而克克娜公园却不停地修修补补，已经花掉了建造德塞公园2倍的资金。南非的同行曾问过德国人，为什么会如此精明。德国同行却回答说："我们并非精明，只是认真，精明的倒是你们南非人。"

德国人说的对，他们并不是精明，而是认真。因为认真，所以他们才会考虑得如此周全，使建成后的德塞公园很多年都没有变样，而且在功能上也强于南非人自己建造的克克娜公园。虽然德塞公园当时建造的成本要高一些，可是在以后使用的时候，克克娜公园因为不停地修修补补，竟花掉建造德塞公园2倍的钱，这是多么得不偿失的事啊！让人更深刻地认识到"欲速则不达"的道理，所以如果你在平时做事时一定要做得稳妥而踏实，不要为了追求速度而不顾及质量。

如果把生活比作在大海中航行，我们使用的船帆只有用心一针一线地细缝，才能抗得住狂风暴雨的侵袭，从而安全地把我们送到成功的彼岸，如果我们急功近利地打造船，我们只能被埋葬在失败的大海中。所以，把自己的生活节奏稍微放慢，对自己来说也是一种放松，让自己有一份从容不迫的心情。

路漫漫其修远兮，吾将上下而求索

"路漫漫其修远兮，吾将上下而求索。"这一句出自于屈原《离骚》，并被人们广为流传。它的本意是说：路让人感到迷糊而窄小，我必须要仔细分辨清楚。它表达了屈原"趁天未全黑，探路前行"的积极求进心态。现在我们将它引申为：不失时机地去寻求正确方法来解决面临的问题。

人们所说的"机"应该是的时机；"遇"应该是需要人们去闯荡、感受和把握。世间总是公平的，一棵草上都会被上天洒下无数颗露珠，而我们也会有无数的机遇，或发财，或当官，或发明创造……只要抓住一个机会，就会让你取得成功。可是很多情况下，人们总会因为有眼不识金镶玉而与身边的机遇擦身而过，或者即使机遇在前也会无动于衷，就会在经历过挫折后抱怨老天不公平，感觉自己生不逢时。可是有谁的一生是平坦的呢？让我们来认识下面的一位女性。

她在那一年还在农村里插队，每天做着繁重的农活。有一天她在西瓜地里忙着，被人喊了去，说工宣队来招生，让她去试试。而她的这一试，竟去了北京外语学院，成为英语系的一名工农兵学员，可是还没等她欢喜完，她心里就被阴霾笼罩着。因为她居然是班里年龄最大的老姑娘，而且她的基础太弱，又使她成为最差的学生。

一天老师在课堂上问了她一个很简单的问题，她在第一遍时没有听懂，第二遍虽然听懂了却不知道如何回答，于是在课堂上僵住了。她在课后一口气跑到后院的山坡上大哭了一场。哭完她认为："有什么大不了的，也就是比别人差，既然比别人差，我用努力弥补，我就不信不行！"她在想通后给自己许下诺言："我一定要成为最好的学生！"她说了就认真做起来，她会在每天晚上学到深夜，而凌晨四五点钟就从被窝里钻出来。在校园一角的那棵大树下，不管天冷还是天热都能见到她的身影，翻来覆去大声地背诵、大声地朗读一天学的东西，不记得滚瓜烂熟不罢休。

四年一晃过去了，她在毕业的时候确实成为全年级出类拔萃的学生，与今天完全不同，他们那一代人根本没有择业自主权。
她从英语系毕业后，被分配到英国大使馆做接线生。这份工作不
但单调、乏味，也比较麻烦，而且在外人眼里，这份活很没有出
息。虽然刚开始她还能够实实在在地干，可是时间长了就感到心
里越发郁闷、不平衡，她感觉自己一个堂堂外语学院的尖子生
竟会如此憋屈，她终于忍不住，在与一次和母亲的见面中大吐
苦水。

她的母亲并没有说什么，只是让她去干洗卫生间、刷马桶
的活，她只能怏怏不乐地听命。可是她费力地刷马桶，使劲地扫
地板，反复多次，仍然还是感觉不干净。她不由抱怨着："我真
没办法了，也只能这样了！"母亲仍然没有说话，她弄来一碗干
灰，然后把干灰撒到又脏又湿的地方，让干灰把水吸干后再扫，
果然效果好多了。很快，马桶里的污垢也全不见了，好像是做了
一次增白面膜。

她没有做到的事，母亲做到了，她不禁对母亲充满了钦佩。
母亲却告诉她："你如果不想做一件事，可以不做；但只要做
了，一定要全力以赴地动脑筋把事情做好。虽然工作是你无法
选择的，可是你可以选择把自己的工作做好。"她站在母亲的身
旁，听了她的话，久久无语。

她回到单位后，仿佛变了一个人，把使馆里所有人的名字、

工作范围、电话，甚至他们家属的名字都牢记在心里。由于使馆里的许多公事和私事都要委托她转告和传达，让她逐渐变成一个大秘书和留言板。她在工作之余会读外文报纸、小说，把自己的读、译能力不断地提高。由于水平出众、为人热情，很快，她就成为受使馆欢迎的人。

一天，一位英国大使来到电话间，他靠在门口笑眯眯地对她说："你知道吗，最近与我联系的人都对我说恭喜的话，说我有一位英国的姑娘做接线生。但当他们知道这个接线生是中国姑娘时，都感到万分惊讶！"一个接线生被一位英国大使亲自到电话间做表扬，这在大使馆可是一件破天荒的事！

很快，因为工作出色，她被破格调到英国《每日电讯》记者处做翻译。报社的首席记者是一位老太太，因为她曾得过战地勋章，被授过勋爵，所以不但名气颇大、本事大，脾气也大，并把前任翻译赶跑了。她调过去当然也得不到老太太的信任，老太太开始时明确表示不要她当翻译，只是后来才同意勉强一试。没想到老太太在一年后经常不无得意地对别人说："我的翻译比你的好上十倍。"再后来，她先后被派到英国伦敦经济学院攻读国际关系，到里兹大学攻读语言硕士，到伦敦大学攻读博士学位。她后来回国，到外交学院先后做讲师、副教授、教授，并当上了副院长，曾多次荣获外交部的嘉奖。

在这位女性的身上，我们可以看到，在人的一生中很多时候对职业的选择都身不由己，关键还是你如何去做。文中的主人公不管做什么样的工作，都会积极地适应，努力地把工作做好，精益求精，从而在自己的职场生涯中取得一次又一次的成功。所以，即使是我们无法去选择自己的工作，但一定要抓住属于自己的机会好好地干，只要不懈地努力，寻求正确的方法解决自己面临的问题，就会成功。

认清自我，让自己变成一颗恒星

人们常说，水从容才能一路逶迤，永不停息；人从容才会宠辱不惊，进退自如。一个人只有把自己认清后，才能找到自己正确的方向。很多情况下，人们仅仅为了某件事情的时髦或流行就跟着别人随波逐流去了，却忘了对自己的才干与兴趣。于是将自己本来所具有的才干也付诸东流，所得到的仅是一时的热闹，而把真正的机会流失掉。那样的人生是多么可惜！我们来看看马友友是如何坚持把握住自己的人生，从而使自己的人生活得绚丽多彩。这会给那些对自己的人生摇摆不定的人很大的启示。

对于57岁的大提琴演奏家马友友来说，2011年绝对不是平凡的一年。美国纽约市把新建的一条马路命名为"马友友路"，并由奥巴马总统亲自为他戴上象征平民最高荣誉的自由勋章。

马友友的父母都是毕业留美的华人，在华尔街任经济研究员。父母想让马友友成为一位出色的经济人。于是他们还没有等马友友学会讲话，就开始教给他认字，所以马友友最先会说的话并不是"爸爸妈妈"，而是"一二三……"，他在两岁的时候，父母就开始教他算术，在一种受命式的努力中，马友友机械地度过他的童年。马友友在读小学的时候，是学校的"数学之星"，并夺得了许多数学竞赛的大奖。他也让父母和同学为之自豪，可是这对于马友友来说，却没有丝毫乐趣可言。

在一个天色不太好的傍晚，马友友放学回家，他怕在路上被雨淋着，所以从一条非常僻静的小路上往家跑。在一幢老房子外面，马友友听到一种极为美妙的音乐，并被如流水一般的美丽旋律吸引住了。停住脚步的马友友向院子里好奇地望去，看到一位老人正在拉大提琴，他是那样专注，身体随着音乐轻轻晃动着，陶醉在这优美的旋律中。马友友对眼前的画面不禁轻叹了一声："我如果也能奏出这么美妙的音乐该多好啊！"就在这一瞬间，马友友发现自己真正喜欢的东西是音乐，而不是数学！

那位老人没过多久就发现了马友友，并把马友友请进院子里，他不但为马友友演奏了许多美妙的曲子，而且也为他讲了许多关于音乐的动人故事，从此马友友完全迷恋上了音乐。美国在那个时候到处都是各种各样的培训班、兴趣班和补习班，马友友也被父母安排到了一个数学培训班中。但是他对这里丝毫不感兴趣，于是经常"逃学"并溜到老人那里听音乐，学拉大提琴。结果他的数学成绩不断地开始下降，这一切很快被他的父母发现了，于是就把马友友喊到身边说："你对以前的事情只需要改正就可以了，你以后一定要用心学好数学！"

马友友反抗着说："为什么我非要把数学学好？我并不喜欢数学！""你只有把数学学好后，才能像我们一样做一位出色的经济师，我们希望你能做得更出色，成为一位伟大的数学家！"马友友父母说。"我为什么一定要与你们走一样的路呢？我感觉到，能让我最开心的东西是音乐，而且我认为如果做自己喜欢的事情，可以把它做得更好，这也会更让我开心！"马友友把自己的想法很坚定地说了出来。

马友友从那以后，就经常去老人那里学习音乐，他的父母很快被他的坚持打动了，在一个音乐培训班里替他报了名。一个人一旦做起自己喜欢的事情，进步就会非常快，马友友在高中毕业时，就获得了在曼哈顿举行的全市学生音乐会的一等奖。此后，他前往哈佛大学就读。他的音乐名声也在此时逐渐大起来，他得到了许多交响乐团及音乐大师的邀请，并与他们一起演奏和表演。

马友友在这之后的多年里，一直在音乐的道路上不断探索，

088 这世上根本
就没有怀才不遇

不断前进，受到白宫的多次邀请演奏音乐，并且还多次获得"格莱美奖"和"唐大卫奖"。变成一位名震国际的音乐大师。联合国于2006年任命马友友为和平大使，2011年2月15日，马友友与"股神"巴菲特、美国前总统老布什和德国总理默克尔一起，接受了由美国总统奥巴马颁发的象征平民最高荣誉的总统自由勋章。

马友友在当晚戴上总统自由勋章时，无比感慨地说："自己的人生只有一个主人，那就是我们自己，行走在自己铺设的人生轨迹上，一定是最开心、最能取得成就的！"

对于马友友来说，他所获得的荣誉是多么让人羡慕！因为这些荣誉的获得者只有四个人，即"股神"巴菲特、美国前总统老布什、德国总理默克尔和马友友。如果他按父母为他设定的人生道路走下去，数学成绩超好的他，可能也会取得一些成就，但绝对不会拥有如此闪亮的人生。他说的话是多么发人深省啊。"自己的人生只有一个主人，那就是我们自己，行走在自己铺设的人生轨迹上，一定是最开心、最能取得成就的！"顺着自己喜欢的路走下去，肯定能为自己创出一片非同寻常的天地。

人们常说"知人者智，自知者明；胜人者有力，自胜者强"，我们生活的这个社会很现实，人生苦短，所以千万不要浪费自己的时间，在你所处的环境中认清自己的位置，并不断地充实自己，从而活出自己的价值，让自己变成一颗耀眼的恒星。

不做自虐狂，不做猜疑狂

现在生活节奏越来越快，生活在这种环境下的人们不自觉就地陷入一种境地，成为自虐狂和猜疑狂。这又是什么样的概念呢？

在这个通信、网络横行的时代，人们不管是在行走中，还是乘车或是在公司上班的闲暇时，都会每时每刻地沉浸于其中。其实说谁是自虐狂，谁都不会承认，可是看吧，地球上已经变得昼夜不分，夜晚的活动反而更活跃；一日三餐成为问题，作息也变得混乱不堪；为了追求美丽动人，未达时令就急不可待地让自己身上的衣服变得越来越单薄。于是衣食住行、吃喝拉撒成为大问题，使得"自虐狂"已经形成一个庞大的群体。

　　人们生活在这个时代是非常幸运的，在这个现代化日益发达的今天，人们的生活水平飞速地提高，在这个物欲横流、品质高雅的世间让人能够享受的东西太多了，我们有何理由去虐待自己，而不去享受这份幸运呢？切不可因为一时的冲动而让自己变成一个"傻子"。善待自己，减少做那些毫无价值可言的事情，一定要时时刻刻提醒自己：我不但要创造生活，也要享受生活。

　　说了自虐狂，我们再来说一说猜疑狂。提到猜疑，首先让人想到的应该是曹操，作为一个政治家、军事家，多疑给他的人生带来了许多的失败。我们读《三国演义》时曾看到过这样的一个故事：曹操在晚年患一种头痛病，当时华佗想了个给他做开颅手术的方法，以根治他的这种病症。可是多疑的曹操却认为华佗是想害他，不顾谋臣荀彧的劝阻，给华佗治罪并处死。华佗的死亡，对于曹操，乃至于历史都是一个很大的遗憾，他的"麻沸散"和他精湛的外科手术就此失传，而且华佗死后，曹操一直头疼难忍，却不承认处死华佗有多么不明智。直到他失去自己的爱子曹冲时，他才会痛心地悔道："吾悔杀华佗，令此儿强死也。"可是这有什么用呢？人已经死了，失去了就不可复得，如果他不处死华佗，起码他自己也不会只活到六十几岁就含恨而亡。他的多疑不仅毁了华佗，也毁了自己。

　　所以很多情况下，多疑是一种心理疾病。有一位漂亮、有品位的女作家，她在感情上是一位敏感多疑的女人，她也曾经遇到过不少优秀的男人，可是却始终不能修成正果。她曾经在地铁站邂逅了一位成熟、稳重的男性，这位男性对她一见倾心，并主动发起攻势。在几次约会后，男性邀请女作家到家中做客。面对这突如其来的爱情，女作家既恐惧又惊喜，而且她也无法抵抗这么优秀男人的吸引。

她过于敏感，她对这位男性充满了忧心，多疑让她在男人离开家时疯狂地搜索他的房间，力图找到这位男性放荡的证据或是有什么其他不当的生活方式。结果被这位男性逮了个正着，可以想象那场面将会多么的难堪！当然俩人也一定会不欢而散。其实，这位男性的生活丰富、健康，根本不存在女作家臆造的生活习性，于是这场从天而降的爱情，被女作家无可救药的多疑葬送掉了。

在现在紧张的生活中，像女作家这样的人比比皆是，因为多疑，很容易与周围的人慢慢地疏远，如果再缺乏真切的感情交流，就容易发展到对一切人不信任，从而造成心胸狭窄、自视清高、神经过敏、怀疑一切的性格。他们遇事总会往坏处想，甚至会捕风捉影，听风是雨。在外与同事无法融洽相处，在家也不能与亲人感情和睦。因为整天处于紧张之中，自己的日子也好过不到哪儿去，就会长期被孤独空虚、惶惑不安、焦虑沮丧等不良的情绪困扰，缺乏真诚的亲情、友情和爱情。

由此可见，不管是自虐狂，还是猜疑狂，都是在日常生活的一种病，这种病很容易导致人生失败。要想解决这样的问题，应该找到其致病的根源。它的根源应该有两方面，一方面是外部的生存压力，另一方面是自己内心所生的心魔。对于这两种根源，外部的环境我们是无法改变的，只能让自己去不断地适应；内在的原因，是可以改变的，这就要求人们在处事时要豁达、理性，多与人沟通，并不断地对自我进行反省。善待自己，真诚待人，让你的生活多一些和谐，多一份快乐吧。

才情比外表更重要

"长得好看的人才有青春""好看也能当饭吃"……在这看脸的时代，高富帅火了，白富美火了，外貌越来越成为人们关注的焦点，这就是否预示着我们必须拼"颜值"？其实在如今竞争激烈的社会里，人们不但看重"颜值"，更看重才情。

我们常常用"貌似潘安"形容英俊的男子，而这位"潘安"就是西晋的潘岳，"潘安"只是他的一个艺名。

潘岳究竟有怎样的美貌，曾经有一个"掷果盈车"的典故。说是每次潘岳乘车出游，就会被大批的姑娘围观和赞叹。而人们在当时表达喜爱的方式之一就是向爱慕的人投掷水果，就好比是当今的粉丝向明星献花。潘岳每次外出回来，在他的车上到处都是女性仰慕者扔来的水果，竟可以差点把车装满。潘岳得到姑娘们的如此爱慕，于是引起当时另一个名叫左思的男子的羡慕，他也想象潘岳这样得到姑娘们的水果，于是出门时打扮得如潘岳一般，可是他却得到周围女子的唾弃，狼狈而归。而这个男版的"东施效颦"更增加了潘岳的美貌传奇。

潘岳不仅有高出常人的颜值，而且他还能写一手好诗和好字，他在少年时就显露出文学天赋，被乡里称为"奇童"。他一生写过许多好诗赋，而且朝廷还对他的孝行进行过表彰，他在政治方面也颇有建树。更难能可贵的是，因为才貌俱佳，潘岳的追求者当然甚多，而当时西晋的社会环境非常开放，可是他在婚后对妻子疼爱有加，生活过的非常幸福。潘岳对结发的妻子忠贞不贰，虽然得到许多人的爱慕，但却仍然一心一意地对待自己的妻子。

更让人感动的是，他的妻子杨氏在潘岳52岁那年病逝，悲恸欲绝的潘岳写下了数首摧心断肠的悼念亡妻的诗作，真切的情意令人动容。为了给妻子服丧，潘岳还退掉官职，直到服丧期满才重返庙堂。并发誓自己以后不会再娶，而潘岳也做到了，坚守着对妻子的一往情深，至死不渝。他不但得到了当时人们的交口称颂，"潘杨之好"也成为一段千古佳话。

34岁的杰西卡·阿尔芭是美国著名的影星，她一直就是人们眼中的焦点。也许有人感觉"明明能靠脸，偏要拼才华"只是一句玩笑话，可是这位"电商美女大鳄"却是其行动的代表。杰西卡·阿尔芭曾因为颜值高而引起人们的注意，但她却因为智慧而将自己的人生彻底改变。让她不但成为一位颜值高和才华并存的女人，而且品味非凡。

2015年6月10日，福布斯女性论坛在纽约举办，杰西卡·阿尔芭以一个女企业家的身份出席，因为她是成立于2012年的母婴电商诚实公司的创始人之一。在全球风靡的电子领域中，杰西卡·阿尔芭获得了极大的成功，她的公司业绩资产已经达到10亿美元。

曾经在好莱坞因为美貌惊人而走红的杰西卡·阿尔芭，受不了在银幕上露个美胸或不痛不痒角色的无聊表演，于是非常坦白地表示："我的演艺生涯是由经济因素驱动的，我知道演艺事业终将有一天要结束，所以我得为我以后的日子积蓄足够的金钱。"而阿尔芭实际上是花了很长的时间，才被人们相信，这个美丽的女性不是玩票，而是实实在在做生意。当The Honest在2014年的销售额达到将近1.5个亿，公司估值达到10亿美元时，阿尔芭对全世界畅谈无公害儿童纸尿裤给全世界妇女儿童做出的贡献，即便不装"霸道总裁"也充满着说服力。

杰西卡·阿尔芭的成功再次告诉人们颜值和才华的重要性，

其实在人的一生中，如果你有一份好的颜值，就好比你有一份过硬的学历，留给人们最初的好印象，从而敲开人生的大门。当你进入这个大门时，如果还是单凭颜值来构架自己的人生，那就是错误的，因为颜值不是一个长久的东西，所以再用下去也就不管用了，就像杰西卡·阿尔芭那样，当感觉自己不能再用自己的颜值发展下去时，就要为自己以后的日子积蓄足够的金钱，这时就得用才情，此时也只有靠才情，才能让自己的人生变得更加的绚丽多彩。

如果你是帅哥或靓妹，那真要恭喜你了，你是幸运的，上天赐予你一份可以利用的财富。但是千万不要总以此作为资本，更重要的还是要不断提升自己的实力，让自己具备应付自如的才情，才能使人生越来越美丽。

第四章
你一定要相信努力的意义

　　爱默生说："凡事欲其成功，必要付出代价——奋斗。"在通往成功的道路上，只有踏踏实实地做事，在不断积累的过程中让自己变得越来越强大，才能取得不俗的成就。所以只要你有强大的实力，凡事扛得住，就能把世界抓在手中。

没有免费的午餐，也没有白栽的果树

　　人们普遍的想法总是：我能得到多少？却很少想到我做了多少？能让别人得到多少呢？其实这样的道理大家都懂：世界上没有免费的午餐，当然也不会有白栽下的果树。所以出现奇迹的时候毕竟是少而又少，只有踏踏实实做事，才能取得不俗的成就。

　　曾经有一个人独自行走在沙漠中两天，并在中途遇到暴风沙。他在经历过一阵狂沙后，迷失了方向。就在他快坚持不住的时候，突然发现一幢废弃的小屋，于是他拖着疲惫的身子去了那间屋子。在这间不通风的小屋子里，除了一堆枯朽的木材，什么也没有，他近乎绝望地走到屋角，惊喜地发现了一个抽水机。

　　他兴奋地急忙上前汲水，可是任凭他费多少力，都没有抽出半滴水来，他颓然坐在地上，却又意外发现抽水机的旁边有一个用软木塞堵住瓶口的小瓶子。瓶子上贴着一张泛黄的纸条，上面写着："如果你想抽水，必须把抽水机灌满水才能把水引上来！但你不要忘记在离开前，要把水瓶装满水！"他连忙把瓶塞拔开，发现瓶子里果然装满了水。

他此时变得犹豫起来，如果他将瓶子里的水喝掉，不但不会渴死，而且很省劲，他很快就会活着走出这间屋子。可是如果按纸条上写的去做，如果把这瓶水倒进去，万一抽不到水，他也就会渴死在这个地方。他想了好久，决定把瓶子里的水全部灌入到抽水机里。他能感觉到自己在汲水时手是颤抖的，但让他欣慰的是，真的有大量的水涌出来了。他喝足水后，将瓶子装满水，用软木塞封好，然后在他读过的那张纸条后面又加了一句话："相信我，真的有用。在取得之前，要先学会付出。"

这是一个很富有哲理性的故事，一个在沙漠中久经干渴、面临死亡的人，看到在抽水机旁有一瓶水，瓶上有一个纸条，上面写着把这瓶水灌到抽水机里，可以引出水源。面对这样的说法，他犹豫了，他那时真不知自己该坐享其成还是继续付出。但经过思考后，他决定把瓶子里的水全部灌到抽水机里。他的付出是正确的，终于有大量的水涌出来，他也喝足了水，并在那张纸条后面写了一句"相信我，真有用，在取得之前，要先学会付出"的话。所以，在当你想着要得到什么时，一定首先想想自己曾经付出过多少，毕竟付出了才有回报。

曾经有两位就读于斯坦福大学的学生，他们家境贫寒，只能靠打零工维持自己的学业。可是他们的收入少得可怜，为了能多挣点钱交学费，便想到了为大钢琴家伊格纳希·帕德鲁斯举办一场钢琴独奏音乐会。可是他们却被伊格纳希·帕德鲁斯的经济人要求支付2000美元。虽然对于这两个穷学生来说，这笔钱算得上是天文数字，但他们还是答应下来。

他们拼命地做着宣传，但是却很少有来听音乐会的学生。音乐会结束后，他们清点完收入后发现，竟只有1600美元。虽然他们到处竭尽全力借钱，可到最后也没借到分文。他们只好在三天后把这个坏消息告诉伊格纳希·帕德鲁斯，并把1600美元全部给他，并附上一张400美元的空头支票，许诺会尽快挣到400美元还给伊格纳希·帕德鲁斯。

因为身无分文，让他们根本无力支付学费，也预示着他们的大学生涯要走到尽头。当伊格纳希·帕德鲁斯了解到他们的困境之后，把那张400元的空头支票撕成两半，并把1600美元还给他们。伊格纳希·帕德鲁斯对这两位年轻人说："从这1600美元中扣除你们所需要的学费和食宿费，然后在剩下的钱里再各拿走10%作为你们辛苦工作的报酬，其余的归我。"

伊格纳希·帕德鲁斯在多年之后当上了波兰的总理，他为了能让深受第二次世界大战洗礼过的成千上万饥饿的人们吃上饭，付出了很大的努力，并向当时美国食品与救济署的负责人赫伯特·胡佛求助，很快他的求助得到了答复。上万吨粮食不久就运到波兰，波兰人民得救了，伊格纳希·帕德鲁斯也因此受到波兰人民的尊敬和爱戴。

当伊格纳希·帕德鲁斯向胡佛表示感谢时，胡佛却这样回答他："你不需要感激我，我之所以有今天多亏了你当初慷慨的付出，我只不过是偿还当初欠你的罢了。"原来，胡佛正是当年的两个穷学生之一。

本杰明·富兰克林曾说过："善待别人，就是善待你自己。"所以任何形式的付出总有得到回报的时候。当初的两个年轻人为了能给自己多挣些学费，想到了为伊格纳希·帕德鲁斯开一场钢琴独奏会，可是因为各种原因，两个年轻人差点把自己逼上绝境。此时，伊格纳希·帕德鲁斯并没有落井下石，而是将所得的收入分给了两个年轻人，帮助他们渡过了难关。让伊格纳希·帕德鲁斯意想不到的是，这两个年轻人中的一位在日后给了他更大的帮助。所以说"赠人玫瑰，手留余香"是多么有道理啊！

在我们日常的生活中，那些懂得付出的人往往更受欢迎。如果你能不断地为别人付出，取得更多的信任，别人就会把你当作知己，当你一旦遇到困难时，他们也必将向你伸出援助之手。从另一个方面来说，付出也是对自我进行提升的过程，每个人的人生都是有限的，在你为他人付出的过程中，不但为自己能获得他人的肯定和感激，而且也可以通过付给自己多些历练，从而为人生积累更多的资本。

不要把过错归罪于压力，要让自己内心强大

我们每个人在如今的社会中都面临着强大的压力，这些压力有的来自于自身的身体健康，有的来自于事业，有的来自于亲朋好友。当被别人冤枉和误解时，很多时候都承受不住一点委屈，感觉自己的心理受到很大的伤害，可是一个内心真正强大的人是不会被伤害到的。

一个拥有强大内心的人在平时并不会表现出咄咄逼人的态势，而是总会表现出微笑的样子，给人温柔、坚韧、沉着、淡定、不紧不慢的感觉。所以强大并不等于霸道，并不是要把别人的所有据为己有，而是用内心的一种宽容和谦让获得别人的认可。也正是因为内心的那份平静和安定，才让我们明白自己能做

什么，怎么样才能做好。

有两位年轻人在城里奋斗了很多年，并赚了足够让自己过富足生活的钱，后来因为年龄大了，他们就决定回到乡下安享晚年。他们在回家的小路上碰到一位白衣老者。老者的手上拿着一面铜锣。看着老者，他们很奇怪，于是就问他："您在做什么？"

老先生说："我的职业是专门为人敲最后一声铜锣，你们两个都只有三天的生命了，我会在第三天黄昏的时候，拿着铜锣去你们家门外敲。当你们听到铜锣声时，就会死去。"这个老者说完就不见了。

听完老者的话，两个人都愣住了，他们真没想到自己好不容易辛苦这么多年，能在城市里赚些钱享点清福了，却只有三天的活头了！两个人都快快不快地回家了，第一个有钱人从此愁眉不展，吃不下，睡不香，只是在那里细数他的财产，他不断地想着："我只剩下三天了，多可惜啊！可怎么办啊！"他什么都不做，就这样垂头丧气地熬着日子。他相信那个老人一定会来，就这样心惊胆战地等着，一直等到第三天黄昏，整个人已经成了一个泄气的皮球。当然那个老人真的来了，他拿着铜锣站在这个有钱人的门外。"锵"的一声响起，有钱人知道自己没有任何希望了，于是立刻倒下去，死掉了。

可是另一个有钱人却在心里想着:"赚了这么多钱,却只有三天的活头,真是太可惜了,从小离家的我也从来没有为家乡做过什么,为什么不把我的钱分给家乡所有需要帮助和苦难的人呢?"于是把所有的钱分给需要帮助的人,而且还想着铺路、造桥。他已经忙得不可开交,把三天以后的铜锣声已经忘得一干二净了。

他用了三天的时间好不容易才把所有的财产散光了。村民对他非常感激,就请了布袋戏、歌仔戏、锣鼓阵到他的家门口进行庆贺。村民们舞龙舞狮,既放鞭炮,又放烟火,场面非常热闹。当那位老者如约出现,在这个有钱人的家门外敲起铜锣时,敲了好几声也没有人听到,老者感觉自己再敲下去也无用,只能走了。

过了很久,这个有钱人才想起老者说来敲锣的事,他还纳闷:"为什么这个老人会失约?"

其实是这位老人失约吗?是这位有钱的人把心放开了,让自己的内心变得强大了,外界的环境已经无法干扰到自己了,所以铜锣声对他已经起不到作用了,于是他与死神擦肩而过。前面的那一位有钱人,总是对三天的约定感到惴惴不安,消极地等待着那三天的到来,结果他就被自己吓倒了,当听到老者的铜锣声,顷刻就毕命了。所以在日常生活中,不要惧怕任何压力,要让自己的内心强大起来,走过那道坎儿,你就会是一个强者。

27岁的拉尔斯顿在独自登山的过程中被巨石压住了右臂，他苦苦等了三天也没有等来救援的人员，此时，自带的干粮和饮用水全部用完了，在面临生存危机的时候，他用仅有的一把8厘米长的袖珍折刀把自己的右臂生生地斩断，并用惊人的意志给自己做了简单的自救包扎，接着他忍着剧痛靠绳索从25米深的狭谷中坠下。并走了很长的距离后，才遇上两名登山者，从而获救。

在营救人员看来，拉尔斯顿是一位超人，营救人员米奇说："我工作已经25年了，从来没有遇到过像拉尔斯顿这样意志如此坚强的人。"维特雷充满敬佩地说："真是太神奇了，他居然可以自己走路，而且显然是在与失血抢速度。他把自己的手臂用绷带绑起来，大概在齐胸的位置。虽然他伤得不轻，但在把他送往医院的路上，他还一直在跟我们说话。显然他是一个非常坚强的人，我想他应该是下一个超人！"拉尔斯顿的同事和所有的援救人员都被他的坚强和勇敢所感动。

而更让援救人员目瞪口呆的是，当直升机降落到"阿伦纪念医院"的时候，拉尔斯顿竟然自己走向急救室！随后，这个坚强的人被医务人员送到玛丽医院。但拉尔斯顿也因为他的顽强而付出相当大的代价，值得人们称赞。

这个27岁的美国科罗拉多阿斯彭镇的小青年，他把科罗拉多州的高峰几乎登了个遍。全州55座海拔超过4300米的山峰中，其中的49座已经被他征服，虽然经历过这样的艰险，但他仍然一直坚强地走下去。在他的个人网站上，赫然贴着他的至理名言："生活是空虚无趣的，只有在旷野中，我们才有创造非凡的可能！"。

　　无可厚非，每个人都有自己的活法，虽然拉尔斯顿的做法我们一般人做不到，而且那样的冒险真的让人心惊肉跳，但他的坚强却令人非常佩服。虽然他的右臂被石头压了三天，但他仍然靠着坚强的毅力把自己的右臂斩断，然后又忍着剧痛滑下峡谷，并以惊人的毅力等到了救援，真让人难以想象，他有多么强大的内心！其实，内心强大不是上天赐予的，也并不是少数人的天赋，它是在我们从经历中不断历练出来的，它为我们的人生增添了色彩。

燕雀安知鸿鹄之志哉

如果把青春比作是刚刚起航的征帆，那么理想就是指引人生的灯塔，所以年轻人应该拥有远大的理想，以成就人生的辉煌。美国著名的畅销书作家斯宾塞·约翰逊也这样说过："如果理想是笃诚而又持之以恒的话，必将你体内蕴藏的巨大潜能激发起来，并让你冲破一切艰难险阻，达到成功的目标。"

史蒂芬·霍金生于1942年的1月8日，他出生的那天正好是伽利略逝世三百年。或许因为他生活在第二次世界大战期间，霍金从小就对模型非常着迷。他在十几岁时，不但喜欢做模型轮船和飞机，而且还经常与学友们玩种类多样的战争游戏。因为这种对研究事物的渴望驱使他攻读博士学位，并在宇宙论和黑洞研究上获得重大成就。

在他十三四岁时，霍金已经下定决心要从事天文学和物理学的研究。他在十七岁那年，他获得了自然学科的奖学金，并顺利入读牛津大学。他毕业后又转到剑桥大学攻读博士，研究宇宙学。很不幸的是，他竟然患上了会导致肌肉萎缩的卢伽雷病。当时，对于此病，医生也束手无策，于是他打算放弃自己的理想，但随着病情恶化速度的减缓，他排除万难，重新拾起心情，勇敢地面对遇到的不幸，继续潜心于科学研究。

他在20世纪70年代，与彭罗斯证明了著名的奇性定理，并于1988年两人共同获得沃尔夫物理奖。他还证明了黑洞的面积不会随时间减少。1973年，他又发现黑洞辐射的温度与其质量成反比，即因为辐射黑洞会变小，但温度会有所升高，从而导致发生爆炸而消失。

他从20世纪80年代开始研究量子宇宙论。他的行动在此时已经出现了问题，后来他还得了肺炎并接受穿气管手术，从此他就无法再说话了。而且全身瘫痪的他只能靠电动轮椅代替双脚。他写字和说话都要靠电脑和语言合成器帮忙，就是阅读也要别人替他在桌面上把每页摊平，并让他驱动着轮椅逐页翻看。

霍金被誉为当今最杰出的科学家之一，他把毕生的精力都贡献于理论物理学的研究。在别人的眼里，霍金可能是不幸的，但他却在疾病发作期间获得了令人瞩目的成就。他凭着坚强不屈的意志，在战胜病魔的同时，创造了一个又一个的奇迹，从而也证明了残疾并非是成功的障碍。

霍金从小就为自己树立下从事天文学和物理学研究的远大理想，所以他为自己的理想不懈地努力，就在他离理想越来越近的时候，却不幸地遇到病魔。因为连医生都对他所患的病束手无策，让他对自己的理想怀疑过，并想放弃。可是当病魔对他稍稍松手，他就会重新振作起来，拾起自己的理想，继续努力。虽然他在后来遇到很大的坎坷，但是这并没有阻止他继续从事研究的决心，他终于成功了，取得了举世瞩目的成就，被誉为当今最杰出的科学家之一。所以说，理想就是一个强大的动力，它会支持着人们坚持不懈地走下去。

一个平凡的少年在美国西部的一个小乡村里生活着，虽然他的家境很贫寒，可是却有着远大的理想。他在15岁那年，就为自己写下了气势不凡的《一生的志愿》："要到尼罗河、亚马孙河和刚果河探险；要登上珠穆朗玛峰、乞力马扎罗山和麦金利峰；驾驭大象、骆驼、鸵鸟和野马；探访马可·波罗和亚历山大一世走过的道路，主演一部《人猿泰山》那样的电影；驾驶飞行器起飞降落；读完莎士比亚、亚里士多德和柏拉图的著作；谱一部乐曲；写一本书；拥有一项发明专利；给贫穷的孩子筹集100万美元捐款……"

在这项宏伟的志愿中，少年一共列出了127项，当他的这些理想被亲人和朋友们看到时，他们不禁都哑然失笑，认为如果单凭一个人的力量，这些理想每个都不容易实现，更何况他是一个很不起眼的小男孩，又如何能实现这127个理想呢？可是这个少年并没有因为别人的嘲笑和不看好而对自己有所怀疑，而是始终努力着，并开始了把梦想转变为现实的漫漫征程。经过他的不懈努力，硬是把一个个不可思议的夙愿变成了现实，他也从中体会到拼搏与成功的喜悦。

转眼四十多年的光景过去了，这个少年曾经列下的127个志愿，竟实现了其中的106个愿望……简直让人难以置信了！这样的奇迹也震惊了整个世界，这个少年就是20世纪著名的探险家约翰·戈达德。后来人们曾询问戈达德，他为什么可以把常人无法实现的愿望一一实现。戈达德却很简单地回答说："我只是让心灵先到达那个地方，随后，周身就有了一股神奇的力量，接下来，就只需遵循心灵的召唤前进了。"

在常人看来，约翰·戈达德所列举的这127项人生志愿，每一项都是很难达到的，可是他却凭着坚定的决心做到106项！他的这一壮举使世界被震惊了，人们觉得不可思议，可是他的回答却是如此简单。

俗话说:"人无远虑,必有近忧。"人有了远大的理想,人生就有了明确的前进方向,从而找到人生的目标。当你的心中有了一个大目标,也就不会再动摇。

把爱紧紧抓住，别让脚步停住

人生有最真的爱，却没有最好的路，所以一定要走一条适合自己的路。人生一直都在不停地赶路，有的人会不紧不慢地踱着方步，有的人会奋力奔跑，也有的人会在原地站着茫然四顾，却不知自己该何去何从，还有的人则干脆坐下，从此一蹶不振……对于人生来说，只要往前走，就不要停住脚步，紧紧抓住属于自己的爱好一直走下去，就能让自己活出精彩的人生。

小新是一位出生于农村家庭的孩子，他从小就喜欢写写画画。对于自己儿子的喜好，他的母亲并不赞成，她认为好孩子应该好好读书。小新的舅舅是一位小学老师，他很看好比较有天赋的小新，对他的这一爱好给予了巨大的支持。舅舅还是一位书画爱好者，并有一定的造诣，正是在舅舅的辅导下，小新的书画技艺有了突飞猛进的提高。

小新升入高中后，他的一位很要好的同学帮他联系到了商丘著名书画家，在这名书画家的教导下，小新从白描入手，临摹古今名作，苦练基本功。自从得到这位书画家的指导，小新每到课余时间或休息日，就会跑到田间地头对着花草树木写生，并在画作上附上一行浑厚有力的隶体字。

小新不断地努力着，只要有景物进入他的视线，都被他画得栩栩如生、入木三分，尤其是农村的田园风光。虽然他的画艺已经颇具专业水平，但是在小新看来还是有诸多的不足，希望能从更高层次上提高自己的书画技艺，于是他经常到一所艺术学校偷艺。这对于小新来说也是被迫无奈的事，因为那所艺术学校开设的书画班的学费很贵，他交不起这笔学费，不得已才出此下策。

因为对艺术投入的精力过多，使得小新的文化成绩不断地下滑，在1984年参加高考时他名落孙山。他多么希望通过复读能再次参加高考，可是母亲却含泪对他说："放弃复读吧，孩子，实在是家里没有能力再供你了……"这个从小痴爱书画艺术的有志青年不得不接受命运的安排，而为自己谋求生计。

小新后来到一家化工厂当运煤工人，在繁重的工作面前，他对自己的爱好产生了怀疑。在此之前，他的作品已经被许多刊物选登，小新毕竟对自己还是有信心的，他并没有改变自己的初衷。后来在书法名家的建议下，他利用自己辛苦打工挣的钱，进入河南书法函授院研修班进修，经过二年的专业系统学习后，他的书画水平又提升到一个新层次，但生活的压力又迫使他重新踏上打工之路。

2004年初，小新从朋友那里得知这样的一则消息：某国家级科普教育基地正在招收书画艺术类老师。于是他揣着一份简历，拿着自己以前发表过的作品前去面试。很可惜当时主管人事的负责人当即拒绝了他，但这并没有挫伤小新坚持下去的决心，他做出一个大胆的决定：他带着曾经发表过的作品找到福清市国家级科普教育基地负责人，向他毛遂自荐。

该基地负责人对小新的胆略甚感意外，而小新发表过的作品更令他感到惊异。他如何也想不到从一个农民工的手中竟能有这样一幅幅精美的作品！那位负责人当即就决定聘小新为基地书画培训班的老师，但有一个月的试用期。得到这样的消息，小新差点跳起来，因为从这一刻起，他可以说敲开了书画界的大门。

2004年夏，在一些权威的书刊中编入了小新的一些作品，他的影响也越来越大。他于第二年先后加入某省书画协会、中国书画家协会，成为真正意义上的书画家。某医科大学在2008年9月开设书画艺术教学班招聘讲师，虽然小新没有过硬的学历，但他

却凭着自己的实力而被破格录取。小新在拿到聘书的那一刻激动
得泪流满面。

小新这位寒门才子，因为贫困，曾使他被迫放弃学业，走
向谋生的道路，成为一名农民工，但他从来没有放弃过自己的爱
好，坚持地走下去，而且非常有勇气地推销自己，最终踏入了艺
术的大门。不管在我们的人生中有多少困难，都不要对自己的爱
好产生怀疑。永远都不要放弃，坚定地走下去，你肯定会看到意
想不到的风景。

有一天，一个国王在花园里散步，他感到非常奇怪，为什么
花园里的花草树木都变得枯萎起来，使园里呈现出一片荒凉的气
氛。他望了望脚下，只有一棵细小的心安草还是那么有精神。于
是国王就问安心草说："为什么还没有到深秋，花园就变得如此
的荒凉呢？"安心草说："可能每种植物的进取心太强了，橡树
感觉自己没有松树那么高大挺拔，所以轻生厌世而死；松树又感
觉自己无法像葡萄那样结出许多果子，所以郁闷而死；葡萄终日
哀叹自己只能匍匐在架子上，无法直立，又不能如桃树那样开出
美丽的花朵，所以嫉妒而死；牵牛花也生病了，因为它总叹息自
己没有紫丁香花的芬芳，其余的植物也对自己很不满意，没精打
采的，所以才使这个花园变得如此凄凉。"

国王问小草说："你为什么没有跟它们一样呢？"

小草回答说："国王啊，我并没有灰心失望的感觉，因为我明白，您如果想要一棵橡树、一棵松树、一株桃树、一丛葡萄、一棵紫丁香，或者一株牵牛花，就会命令园丁种上它们，而我只需要安安心心地做一株小小的安心草。"

小草的回答多么理性啊！它感觉自己只适合做一株小小的草儿，只需要安心地把它做好，而不是再过分地要求什么，所以，其他欲望过高的植物在枯萎的时候，也只有它自己是精神的，充满着希望。我们在生活中也应该接受自己的脆弱和不堪，也可以允许自己懦弱、失望和流眼泪，但不要把自己的爱好抹杀掉，当你经过一段时间，为一时不堪的自己充电，走过曾经的不知所措，跨过给自己的瓶颈期，在不知不觉中你就会获得生命里最优秀、最坚强的自我。

独上高楼，望尽天涯路

王国维在《人间词话》里说："古今之成大事业、大学问者，必经过三种境界：'昨夜西风凋碧树。独上高楼，望尽天涯路'，此第一境界也；'衣带渐宽终不悔，为伊消得人憔悴'，此第二境界也；'众里寻他千百度，蓦然回首，那人却在灯火阑珊处'，此第三境界也。"由此我们可以看到，很多成功者都会因为孤独而执着，所以，耐得住寂寞也是一个人思想灵魂修养的体现。

人生总会处在寂寞中，每个人处理寂寞的方式也不尽相同，只有懂得享受寂寞的人才能守住心里的一份宁静。因为耐得住寂寞，珍珠才得日月精华，终成天宝。人生亦是如此，只有耐得住寂寞才能经得起岁月的繁华，扛得住世俗的诱惑，只有耐得住寂寞才能守住心中的那份幸福，才能成就一番事业。

20世纪70年代，有一个年轻人在京郊的一个村子里插队。在那个年月，下乡知青的活很累，收了工大家都到头大睡。他却在土炕上铺上"马粪纸"，画些花鸟鱼虫。这与那个时代的要求不符，有人就反映到了县里。谁知他因祸得福，县文化馆美术组正缺人，便把他调来"接受再教育"。

他依然不知疲倦地画他的花鸟鱼虫。画室的窗玻璃被大风刮碎，他用破报纸一糊就是8年，从来没向别人说起过。涨工资时，全馆的人都在背后告他的状、搞小动作，他没有半点动静，果然他的工资就没有涨上，但他依然神态自若，跟没事人一样。

当别人都热衷于铺天盖地般"闹腾"时，他总是选择看家。看家时，他总是画着那两尾小鱼、几根小草、一串小气泡。他在文化馆就这样无声无息地过了许多年，春夏秋冬，循环往复，是痛是痒，没人理会。

若干年后，真正的艺术再次被社会重视，市里搞起了美术展，人们在首次美术展上，竟看到他的三幅画，都是小金鱼吐泡泡。后来，他名扬全城……

人的一生非常短暂，能做的事也很有限。不少人往往耐不住寂寞，时常被潮流裹挟，看别人怎么着，也马上跟着模仿。一辈子几乎所有的热闹都要参与，任何时髦的事都不放过，到了暮年时才发现：这辈子其实一事无成！

每个人的成长的旅程，也是一个不断自我反思的过程，在这个旅程中人总有一段不甘于寂寞的日子，有过学习、工作不如意的烦恼，有过失恋的哀痛，只有在那些寂寞的日子里不断的体悟，才会让自己的心智慢慢走向成熟，当我们真正明白了寂寞的真谛，也就把寂寞当作生命中的一部分，由此你的人生也走向了成熟。

要让目光跟得上时代发展的脚步

太阳每天都要从东方升起，开启新的一天，生命也在时时刻刻散发着新的光和热。回眸历史，古今中外的那些优秀人物，大凡能在事业上有所建树，有所作为的，都富有超强的创新思维能力，靠自己的智慧、创新、特色和点子，为自己的事业开创出一片广阔的天地，从而被人们所称赞。社会在一直向前发展着，事态也呈现出万千的变化，而我们的目光当然不能停留在一时，一定要跟得上时代发展的脚步，捕捉住时代最新的动向。

在北京大钟寺里有一座大钟，号称钟王，它有八万七千斤重。当时明朝皇帝朱棣为防止民众造反，把老百姓的各种兵器收集起来铸造了此钟。但后来不知什么原因，这口钟沉到了万寿寺前的长河（动物园和北京展览馆后面的那条河）的河底。过了一百多年后，这口大钟被一个打鱼的老汉在河底发现了。当时清朝的皇帝得知此事后，便下令把这口钟打捞上来，移到觉生寺（现在的大钟寺），在此修建大楼悬挂这口大钟。

把这个大钟从河底打捞上来并非易事，但经过一番努力，克服了各种困难，总算把这口大钟打捞上来了，可是要把这么重的大钟移到五六里外的觉生寺去，绝非是件容易的事。把钟打捞出的时间是夏天，但到了秋天也没有人把主意想出来，大家都非常着急。参与此事的一个工头和几个工匠有一天在工棚里喝闷酒，因为工棚内只有一块长长的石头，所以大伙只能把它当作桌子用，大家围在石桌旁。坐在石桌一旁的一位工匠，让坐在另一旁的工匠再给他倒上一盅酒，可是由于手上有水，倒完酒后因为没留神，在传递过程中把酒盅弄翻了，这样就洒了不少酒，引得大伙连声抱怨："太可惜了！"

这时，有一位工匠很不耐烦地说："你们也真是，石桌子上因为有水而发滑，轻轻一推就可以把酒壶推过去了，何必要用手传呢？你们真是太多事了！"这时在他身边坐着的那位平时不太说话的工匠沉思了片刻，惊喜地拍了拍桌子，大喊起来："有了，有了，有办法挪动大钟了！"接着他把自己的想法告诉了大家，他对大家说："可以从万寿寺到觉生寺挖一条浅河，放进大约一、二尺深的水，当河水结冰后，不费太多的力气就能把大钟从冰上推走。"这样，大家就采用了这个方法把大钟从万寿寺挪到了觉生寺。

这个故事体现出了那个工匠的智慧，那么重的一口钟，如果单凭人力，根本是不可能移动的，可是这个工匠从别人的话语中、从眼前的场景中瞬间得到了启示，然后稍加沉思，很快就找到了挪动大钟的方法。我们在日常的生活中，也会遇到各种各样的困难，只要我们不失时机地找到解决问题的方法，不但可以使问题迎刃而解，也能收到不一样的效果。

1975年，乔治·阿玛尼刚满40岁，他在那年以自己的名字命名成立了Giorgio Armani公司。经历30年，Armani集团现在在全球共开有300多家店面，有5000名员工，其品牌价值已经超过20亿美元。仅在2005年的第一季度，其销售额在中国的增长就达到了52%。作为设计师出身的阿玛尼同时担任着集团董事长和CEO，他又是如何由一位橱窗设计员，将诞生于一间14平方米的工作室的品牌，经营成为长久不衰的世界顶级品牌的呢？

通过对阿玛尼的管理方法的了解，人们不难发现，他是一个执着、坚持，又会抓住机遇的人。并非一开始，Armani品牌就闯进了顶尖品牌的行列。1980年是它的一个转折点，当年阿玛尼设计的Armani男女"权力套装"问世，为把这项设计推广到顶尖人群，阿玛尼把此套服装提供给《美国舞男》中的男主角李察·基尔。这部影片在当时大获成功，而Armani"权力套装"随着影片的放映而亮相，由此Armani品牌也被好莱坞这座明星云集的城市所追捧，但阿玛尼从来不为成名的影星设计服装。

他的顾客主要包括希望获得尊重的成名大腕，如Glenn Close、Mark Wahlberg、Jodie Foster、Ricky Martin等。近几年来，世界足球明星如贝克汉姆、罗纳尔多、维埃里、皮耶罗、菲戈等也走进了Armani，并且成为它的常客。阿玛尼是第一位认识到名人市场潜力的现在服装设计师，他用电影和名人效应打开市场，这一点与国内服装品牌用高价请代言人如出一辙，但阿玛尼更注重营销成本的合理使用，用艺术和技术征服观众。

1981年，阿玛尼首开了品牌延伸的风气，试验性地推出Emporio Armani，其他的国际大牌也跟着纷纷仿效。当品牌被国内的男装企业批评会导致品牌定位模糊时，阿玛尼却已意识到品牌拓展不够广泛，无法保证品牌生命力的长久旺盛，只有从不同层面构筑产品金字塔，才能让品牌丰满有力，于是阿玛尼又把品牌拓展到家具、手表、眼镜、珠宝、化妆品等领域。他还为梅塞德兹·奔驰公司设计定制内饰，从而把触角伸展到汽车行业；他还准备同日本的一家寿司公司合资；计划与迪拜的埃玛房地产集团合资开14家阿玛尼宾馆……

　　从阿玛尼的成功中我们不难看到，一个走在时代的前列、不断地抓住时代机遇的人，总是非常成功的。我们生存在这个生产力大速发展的时代，在这样的境遇下，给我们带来的不但是很大的挑战，更重要的是机遇。只要你具有实力，有能力发展，天空会任你翱翔。现在也是一个大觉醒的时代，民众在觉醒，社会在觉醒，技术同样在觉醒，云计算、物联网、智能交通、大数据等迅速发展。这个时代，科技奔跑的脚步太快了，在这样的时代里，只要醒着，一定要跟得上时代前进的步伐，让自己的目光随着时代不断地更新。

从失败中找到人生的价值和乐趣

很多情况下，人们工作久了，就感觉好像是漂流在河面上的一片落叶，随着时间的长河漂到很远的地方，却不见停歇。因为随波逐流，感觉内心空荡荡，缺少了欢乐。太多的人是为了工作而迫不得已地被牵制着，就像农田里的耕牛，推一推就走一走，不推绝对不走。其实这样被动地工作真的挺无意义，为何不能主动发现自我，让自己愉悦呢？所以不如用乐观的心态来对待工作，从而让自己萌生一种奋斗的力量，使工作成为你引以为豪的乐趣。

门捷列夫是化学元素周期定律的发现者之一，在他的一生中，一直都那么顽强刻苦地从事研究，把工作作为生活中的快乐。读大学时，他的喉头常常严重出血，并被医生诊断为患了肺病。在当时医术有限的条件下，肺病是一种不治之症，他不得不住进大学附近的一所医院。对于他来说，住到医院里是一生中最悲惨的事情，因为他无法听到教授们讲课，让他感到心急如焚。他唯一能做到的是在病床上放满书、一些纸和几支笔。他在床上躺着不停地看书，并把一些重要的内容随时记下来，对于这位如此不听话的病人，医生和护士们都拿他没有办法。

一位老医生实在看不下去，便严厉地对他说："小伙子，你还是好好地睡一觉吧，不要想那么多！你这样的病人会随时出现危险的。"而门捷列夫却笑着说："医生，你让我做到卧床不起，那与死人又有什么区别呢？"既然阻止不了他，医生和护士们只能让他继续看书。门捷列夫在住院的那些日子里记了很多笔记，几乎达到惊人的程度，这也让他能够以第一名的优秀成绩毕业。

到了门捷列夫的晚年时期，学生们劝他停下来好好休息，享享清福，而他却说："想过得幸福，就要努力工作，享乐是没有多大的意思的，工作着才是快乐的。"

在门捷列看来，工作的价值体现于成果，而成果又是对工作的最好激励。也正因为门捷列夫把工作看成快乐，才会终生工作，从而为科学做出了不可磨灭的贡献。其实人不仅要对工作充

满热爱，而且要学会从工作中得到享受，以工作为乐才能让自己
真正自觉地做到 "干一行，爱一行"，才能 "三百六十行，行
行出状元"。

　　杰克终于为自己找到一份在快递公司做司机的工作，而且这
家公司的待遇也挺不错。上班的第一天，一位老司机鲁特被公司
派来指导他。鲁特是公司口碑很好的司机，已经开了大半辈子车
了，几乎全国的各个角落都被他跑遍了。

　　刚开始的时候，鲁特让杰克自个儿开车，驾车跑了3个小时
后，杰克就感到很疲劳，请求鲁特替换自己。接手后的鲁特驾驶
了七八个小时，却依然精神十足地边开车边唱歌、吹口哨。这让
杰克甚是不解，于是他问鲁特说："你为什么开了这么长时间的
车，竟还如此精神抖擞？"鲁特反问他说："你在早上离家前，
与你的家人是如何道别的？"杰克感到更加疑惑了，但如实回答
了鲁特的问题，他说："我在离家前与妻子告别说：'我要去工作
了，亲爱的。'怎么，这有什么问题吗？""当然，问题就出在
这里。""什么问题？"鲁特笑了笑说："早上我在离开家时，也
会与妻子道别，但我不会跟她说我要去工作了，而是告诉她我要
开车到处兜兜风。"

　　一个年龄大的司机，做了许多年这样的工作，几乎把全国都
跑遍了，可是他却没有一丝疲倦，而是以乐观的心态对待工作。

刚上任的杰克，开三个小时的路程都会觉得很累，可是鲁特连续开了七八个小时，还会边吹着口哨边唱歌，因为在他看来，这并不仅是工作，而是自己在开着车到处兜风。也是在这样乐观的情绪的支持下，鲁特开多长时间车都不会觉得累，并从中享受到工作的乐趣。

1984年，可口可乐公司遇到劲敌百事可乐公司的挑战，塞吉诺·扎曼在此时接受了可口可乐公司的委任，为公司扭转不利的竞争局面。为了改变不利的境地，扎曼采取了更换可口可乐的旧模式，标之"新可口可乐"，并进行大力宣传。可是扎曼在新的营销策略中犯了一个严重错误，他太过于主观，而没有考虑到顾客口味的不可改变性，把老可口可乐的口味加以改变，使顾客长久以来形成的习惯被破坏了，新可口可乐成为继美国著名的艾德塞汽车失利以来最具灾难性的产品。被迫于79天后，让"老可口可乐"重返柜台支撑局面，并改为"古典可乐"。

由于失败，扎曼在公司的地位受到巨大的负面影响，因为饱受攻击，他在不久后不得不黯然离职。扎曼离开可口可乐公司后，他有14个月没有与公司中的任何人交谈过，回忆起那段不愉快的日子他曾经说道："我那时候真孤独啊！"但他并没有将自己的创新思路由此关闭掉，而是与另一个合伙人开办了一家咨询公司，他在亚特兰大一间被他谑称为"扎曼市场"的地下室里，操控着一台电脑、一部电话和一部传真机，为酿酒机械集团和微软这样的著名公司提供咨询。在这样的环境里，乐观的扎曼为米勒·布鲁因公司、微软公司为代表的一大批客户成功策划了一个又一个的发展战略。甚至到后来可口可乐公司也向他咨询，请他回来整顿公司的工作。可口可乐公司总裁罗伯特也承认："我们因为不能容忍错误而丧失了竞争力，其实，一个人只要在运动，就难免有摔跟头的时候。"

从扎曼由失败到成功的故事中我们不难看到，在人生中，每个人都会面临着不同的失败，就像可口可乐的总裁罗伯特说的那样，一个人只要在运动，就难免有摔跟头的时候，所以，一定要对自己的工作保持着乐观的精神，不要因为一时的挫折而失去对自己的信心。只要勇敢地再爬起来，哪怕被工作挫败过千百遍，在这千百遍的尝试中，总能让你找到人生的价值和乐趣。

扛得住，世界就是你的

对人坦诚以待，用一种认真的态度做事、做人，尽力把每一件事做好，应该是人的最基本的处事准则。在人的一生中，不管贫穷还是富有，尊贵或是低贱，如果有自己的担当，勇于承担责任，就能让生命变得更加有意义。人们对成熟的衡量标准并不是看你的年龄有多大，而是看你能担起多大的责任。只有敢于担当，才能赢得别人的关注和尊重，赢得别人的认可和信赖。

有一个十几岁的小男孩，有一天，他与同伴们玩足球时，这个小男孩不小心把足球踢到了邻近一户人家，并把窗户上的一块玻璃击碎了。这时从屋里跑出来一位气愤的老人，他大声地责问是谁干的。除了这个小男孩外，其他的伙伴们早就逃走了。小男

孩走到老人的面前，向老人诚心地认错，并请求他的原谅。可是
这位老人却十分固执，后来这位小男孩答应老人回家取钱，对他
进行赔偿。

这个闯祸的小男孩回到家里，小心翼翼地把整个事情的经过
告诉了父亲，可是小男孩的主动认错并没有得到父亲的原谅，父
亲板着脸沉思着。男孩的母亲看到孩子紧张的神情，便为孩子说
情，对他的父亲进行开导。男孩的父亲过了许久才冷冰冰地说：
"虽然家里有钱，可是谁闯的祸就应该对自己的行为负责。"过
了一会儿，他才把钱掏出来，并对小男孩严肃地说："我可以暂
时借给你15美元，你去赔给人家，但你必须要想办法还我。"小
男孩连忙从父亲手中接过钱，飞快地跑去把钱赔给了老人。

这位小男孩从此以后一边刻苦读书，一边用空闲时间打工挣
钱还给父亲。他由于人太小，只能到餐馆给别人洗盘子刷碗，有
时也捡些破烂。他经过几个月的努力，终于把15美元凑足，并自
豪地还给了他的父亲。父亲接过钱欣然地点了点头，他说："一
个能为自己的过失行为负责的人，将来一定会有出息的。"

这个小男孩就是后来的美国总统里根，他后来在回忆录中深
有感触地说："那一次闯祸之后，使我懂得了做人的责任。"

相比于其他的伙伴，童年的里根是一位非常有担当的孩子，
他勇于承认自己的错误，并进行弥补。面对他的主动认错，他的

父亲并没有给他太多的宽容，而是适时地锻炼他担当的能力。用借钱的方式让他明白，每个人都要为自己的行为负责，这样让这位小男孩更深刻地理解了做人的责任，并一步步走向了成功。所以"扛得住，世界就是你的"这句话肯定不是虚的。

在一座寺庙里有一串佛祖戴过的佛珠，这个寺庙也因为有这串佛珠而久负盛名。这串佛珠的供奉之地，只有老住持和他的7名弟子知道。在老住持的眼里，这7名弟子都非常有悟性，他把衣钵传给他们其中的任何一个人都可以光大佛法，但老住持一直很为难，该把衣钵传给谁呢？

有一天，老住持忽然把他们七个召集到一起，严肃地说："咱们庙里的那串珍贵佛珠不见了，这串佛珠的供奉之地也只有咱们几个人清楚，我想在你们几个人之中，不管是谁拿了佛珠，只要把它送回原地，我不会予以追究，相信佛祖也不会怪罪于你们的。"

弟子们迷惑地彼此看了看，纷纷都摇了摇头，谁也没有说话，很快大家散去了。七天过去了，佛珠仍然不知去向，老住持又把7名弟子召集到一起说："你们其中，不管谁承认，这串佛珠就归你们所有了。"可是7天过去后，还是没有人承认。

这时老住持已经变得很失望了，他对这7个弟子说："你们明天就可以下山了，如果拿了佛珠的人承认后，要想留下来还是有机会的。"这7名弟子中有6位把自己的东西收拾好后，长长地舒了口气，认为自己是干干净净地走了，但只有一名弟子留了下来。

老住持问留下的弟子说："佛珠呢？"这名弟子很有勇气地说："师父，我真的没有拿佛珠。""那你为何要背负这个偷窃之名？"

这位弟子说："我们几个在这几天相互猜疑，只有有一个人站出来，才能让其他人得到解脱，即便佛珠不在了，可是佛还在，我的心是坦荡的，我相信佛能看得清。"

听完这位弟子的话，老住持笑了，把那串佛珠从怀里取出来，放到这名弟子的手中。

其实小和尚遇到的事，在我们的职场生涯中也是常遇到的事。很多情况下，领导或许是出于一种考验，而设定一些问题。要解决这些问题，你必须要拿出自己担当的勇气，找出解决事情的方法。只要有问题、有方法就去解决。当你有了担当，找出问题的症结，一切问题也就迎刃而解了。

人们常说"人无信，而不立"，如果一个人没有诚信、没有担当，那么对社会、对他人而言，他的存在也就没有价值可言了。

第五章
轻松自如地行走在职场生涯中

迈入职场是人生的一大转折点，因为这是人生一次新的开始。从此以后，在人们的身上有了更多的担当和责任。可是该如何走好你的职场道路呢？这取决于你的选择。

学会控制自己的情绪

有时候在公开场合，在周围同事众目睽睽之下，受到上司的批评指责，自己难免会觉得面子上挂不住，甚至是非常难堪，特别是当你觉得上司的指责没有道理的时候。这时很多人可能会为了自己的面子，失去冷静，反驳上司，甚至是当面顶撞上司，这样一来，虽然逞了一时的"英雄"壮举，但最终受伤的还是自己。

祢衡年少时就有文采和辩才，但是性格刚直高傲，喜欢指摘时事、轻视别人，祢衡和鲁国的孔融、弘农的杨修交情好。他经常说："大儿孔文举，小儿杨德祖。余子碌碌，莫足数也。"孔融也非常欣赏他的才能，多次向曹操举荐他。曹操也想见他，但祢衡一向看不起、厌恶曹操，就自称狂病，不肯前往，而且对曹操还口出狂言。

曹操因此怀恨在心，但因为祢衡的才气和名声，又不愿杀他。曹操听说祢衡擅长击鼓，就召他为鼓史，于是就大宴宾客，检阅鼓史们的鼓曲。各位鼓史经过时都要脱掉原来的衣服，换上鼓史的专门服装。轮到祢衡上场，他要演奏《渔阳》鼓曲，容貌姿态与众不同，鼓曲声音节奏悲壮，听到的人无不感慨。祢衡上场径直来到曹操面前停下，下吏呵斥道："你这鼓史为何不换衣服，就胆敢轻率进见丞相?!"祢衡说："好!"于是他先脱掉外面的衣服，接着脱掉剩下的衣服，赤身裸体地站在那里，又慢慢取过鼓史专门用的衣服穿上，然后，再次去击鼓方才离开，脸色一点都不惭愧。曹操笑着说："本想羞辱祢衡，没想祢衡反而羞辱了我。"

孔融回来后就数落祢衡，顺便说了曹操对他的诚意。祢衡答应去给曹操赔罪。孔融再次拜见曹操，说祢衡得有狂病，如今祢衡请求亲自来谢罪。曹操大喜，命令守门的有客人来就通报，等了很久祢衡却穿着普通单衣、缠着普通头巾，手里拿这三尺长的大杖，坐在大营门口，用大杖捶着地大骂曹操。曹操很生气，对孔融说："祢衡这小子，我杀他就像杀死鸟雀、老鼠一样简单。但这个人一向有虚名，远近的人会认为我不能容他，现在把他送给

刘表，你认为怎么样。"于是派人马把祢衡送走。祢衡到了刘表
那里，又跟刘表闹翻了，刘表又把祢衡送到黄祖那里。

祢衡到了黄祖那里也得到了善待，而且他替黄祖做文书方面
的事，而且处理得非常恰当。黄祖曾拉着祢衡的手说："先生，
这正合我的意，和我心中要说的话一样啊。"当时身为章陵太守
的黄祖长子黄射也与祢衡关系友善，有一次黄射得到别人送的鹦
鹉，在与宾客饮酒时让祢衡为鹦鹉作一篇赋，来为嘉宾添乐。祢
衡提笔一挥而就，这篇一气呵成的文章文采非常华美。后来黄祖
有一次在大船上宴请宾客，由于祢衡出言不逊，让黄祖甚是难
堪，就对祢衡予以斥责，可是祢衡却仔细地盯着黄祖，说："死
老头！"气急败坏的黄祖就想打他，可是祢衡以大骂还击，这让
气愤到极点的黄祖下令杀死祢衡。黄祖的主簿对祢衡一向怀恨，
就把祢衡立刻杀了。虽然得到消息后的黄射光着脚来救也没能赶
上。杀死祢衡后，黄祖也有些后悔，于是厚葬了他，只可惜祢衡
死时只有二十六岁。

祢衡非常有才华，可是作为一个下属他却非常失败，连续
在三家任职，两次遭到被开除的命运，最后一次更厉害，遭遇了
杀身之祸。我们从故事中看到，在每一次犯上的事件上祢衡从面
子上说还算是成功，可是就是他的这种成功让其上司非常没有面
子，从而对他怀恨在心。所以，不管他多么有才华，就是不受重

用。祢衡对前几次的失利一直都不懂得反思，而是继续做"逆天"的事，终于葬送了自己年轻的生命。在职场中我们同样也是如此，好面子的结果只能是让你的职场生涯走到尽头。

一直以来，许兵都认为自己是一个生性耿直、善良的人。他相信，世界上的事没有绝对的不公平，只是自己做得还不够，所以当他眼看着别人晋升或加薪而没有自己的份儿时，他总会这样想，是不是自己做得还不够，对这样的事就应该抱一种祝福的态度，因为人家很努力，所以自己要更努力，才能也获得晋升或加薪的机会……

于是，许兵默默地、认真努力地做着自己分内的事。领导也总是夸奖他工作做得好，很努力、很认真。因此，他总是很欣慰：自己没有白付出这么多，领导还是很认可自己的。他还想入非非：只需领导的一句话，自己就可以在同等条件的同事们中脱颖而出！没想到，晋升或者加薪的机会还是一直没有出现。看到别人前途一片美好，自己却郁郁不得志，许兵情绪忽然变得很低落。他想，要是自己做得不好，所以领导不重视自己，这还说得过去，可是，为什么自己这么努力，领导还是没有给自己机会呢？

于是，他开始反省自己，并转弯抹角地打听，才知道了自己总是得不到升迁机会的缘由。原来，一直以来许兵虽然做事很认真、很卖力，但是由于他性子太直了，平常觉得不合理的事儿都要说出来，很多次还当面顶撞了领导，虽然领导当时没有表现出太大的反应，哪知他们全记在了心里。在能力和贡献都差不多的前提下，领导当然优先提拔了那些懂得控制自己情绪的下属了。

在职场中，不管你有多么优秀，做出多么优秀的成绩，如果你在领导面前总是出言顶撞，那么你的职场路就仿佛被涂了一层胶一般，想向前走是非常不容易的事。没有领导喜欢跟自己对着干的职员。

从古至今，下级服从上级似乎是天经地义，商场如战场，军令如山。客观地说，老板的权威也不是他自封的，而是在大风大浪里自然形成的，公司需要老板的权威，他是凝聚力、效率的保证。所以，老板就是指挥官，他的威严不言而喻，特别是那些私营企业，老板直接就是你的饭碗，顶撞他的下场也就意味着你跟自己的饭碗过不去。俗话说"退一步海阔天空"，把上司的一顿责骂就当是一场暴风雨，风暴过后自会平息，你又不曾损失什么，何不审时度势、委曲求全？一名合格的员工，就要学会压制自己的情绪与冲动，理智地看待领导的批评。

怎么找到职场中的挚友

在我们的日常生活中，基本上有1/3的时间都用在了工作上，所以就会与同事发展出各种各样的关系，可是越来越多的人抱怨这个世态炎凉，人心不古；越来越多的人哀叹，认识的朋友越来越多，可是却越来越难找到能够交心的朋友。

事实上，每个人都只是普通人，有血、有肉、有感情，只要你用真心换真心的方式与别人相处，就能成为朋友。当然同事与普通朋友又是不相同的，毕竟在同事之间往往存在着既竞争又合作的关系，而且很多时候还会有利益冲突出现。

公元7世纪，春秋时期的政治家管仲和鲍叔牙是一对非常好的朋友，后来他们都到齐国从政，而且分别辅佐两位政敌——公子纠和公子小白。当齐国发生暴乱后，国王被杀，国家没有了君主。听到这样的消息，公子纠和公子小白都急忙往齐国赶，以夺取王位。后来两支队伍在路上相遇。为了能让纠当上国王，管仲向小白射了一箭，可是箭正好射到小白的腰带的挂钩上，并没伤到公子小白。后来小白当上国王，历史上称他为"齐桓公"。

当齐桓公当上国王后，让鲁国把公子纠杀死，还囚禁起了管仲。齐桓公想让鲍叔牙当丞相，可是鲍叔牙却认为自己没有做丞相的能力，而是大力推荐被囚禁在鲁国的管仲。他对齐桓公说："治理国家，我不如管仲，他宽厚仁慈，诚实忠信，可以把国家的制度规范制定好，他也善于指挥军队，这些我都不具备，如果陛下想治理好国家，就要请管仲为相。"

齐桓公却不同意，他说："当初我被管仲射了一箭，差点将我害死，我不杀他已经对他够好了，怎么可以任命他为丞相呢？"鲍叔牙说："我听说贤明的君主不会记仇，更何况当时管仲是为公子纠效命？他既然可以忠心为主办事，也一定能衷心地为君王效力。如果陛下想称霸天下，没有管仲是不会成功的，所以您要任用他。"终于鲍叔牙说服了齐桓公，把管仲接回齐国。

回国后的管仲当了丞相，鲍叔牙心甘情愿地做管仲的助手。在他们的合力治理下，齐国成为诸侯国中最强大的国家，齐桓公也成为诸侯中的霸主。

在历史上，管仲与鲍叔牙之间的深厚友情已经成为中国代代流传的佳话，这也是职场中能找到挚友的最有说服力的例子。从他们的交往中我们不难看到，鲍叔牙是一位非常大度的人，他不会因为管仲的能力比自己强而忌妒，而是向自己的领导力推管仲。管仲也没有让好友失望，辅佐齐桓公成为当时最大的霸主。而且两个共事一君，还能一直保持着真挚的友情，这也是非常难能可贵的。人们也常常用"管鲍之交"来形容自己与好朋友之间亲密无间、彼此信任的关系。

大学毕业后的小王和小李被分配到同一家单位，并在同一个科室的同一个办公室里共事。两个人已经在这家单位里待了两年，关系非常融洽，并协同做了很多工作，称得上是一对"黄金搭档"，他俩也得到领导的高度赞赏。

可是不久前，公司里公布的升职名单却只有小李而没有小王。从平起平坐、不相上下的同事、好友、搭档到地位的突然转变，并要其中一位服从另一位的上下级关系，这让小王感到心中甚是愤愤不平，好像是在身上浇了一盆凉水。见了小李不仅会觉得心里异常别扭，而且非常不服气，再加上其他同事的"关心"和同情，使得小王痛苦至极，渐渐地对小李产生一股非常明显的敌意。

对于小王的变化，小李并非全不知晓，可是并没有很在意小王的敌视情绪和一些冷嘲热讽，即便对同事们的夸赞和恭贺，小李也表现得极为淡然，总会对同事们说："其实我的工作能力比不上小王，只是他不太善于表达自己，让我得了这么一个便宜。"工作中，小李不像以前那样，该做的事总会抢着干，而且对小王也非常谦虚，让他感觉到自己并没有因职位提高了就忘掉了过去的友情。

所有的这一切小王都看在眼里，他对小李的这些做法感到十分感动，由此也让他明白了，为什么领导会看上小李而没有看上他，也许是因为自己气量太小，没有他那么宽容的胸怀，于是满腔的不平和愤慨渐渐地消退了，小王找到了平衡，很快两人的关系又回到了当初和谐、友好的状态。

就像前面所说的那样，每个人都是有血、有肉、有感情的，小李正是用自己的宽容和大度，让小王认识到自己与小李之间的差距，从而让小王变得心服口服，使两个人重归于好。所以人们常说"巴掌不打笑脸人"，如果你以笑脸待人，别人不可能还以冷棒的，总能在不断的交流、沟通中使彼此相互理解，化干戈为玉帛，从而使友谊之树长青，也让那些趁机别有企图的人。"没有人喜欢挨耳光，也没有人会拒好意于千里之外。"在职场中是可以找到挚友的，这也将为成为你在职场中的一笔用之不完的财富。所以用心寻找你的知己吧，不要让自己在职场中过于孤立无援。

不要总是想做老好人

如果一个人个性太强了，就成了刺猬，可是没有个性是否可以呢？答案当然是不行！如果把个性用自然界的一种物质来形容，水是最恰当不过的了。沉静的时候，水温婉缓和；激烈的时候，水汹涌澎湃。不管是否有个性，个性张扬到什么程度，水都可以屈伸自如，能随外部的环境而变化。所以那些职场的透明人，总能把禁锢自己的孤堡化为虚无，虽然透明却蕴含着无穷的力量。

很多人把圆滑看作是处世之道，当然，适当的圆滑可以为自己的职场打开绿灯，博得人气，可是如果掌握不住分寸就容易在别人的心目中造成两面三刀的"老好人"印象。有些时候，为了

不得罪人，一些老好人不得不在几个人之间周旋，而且为了不得

罪任何一方，都会表现得与该方共进退。可是一旦发生矛盾后，

这样的老好人只能为自己谋退路。

大学一毕业后，小刘就进入一家公司任职，她对"职场如战

场"的说法早有耳闻，如果人际关系处理不好，就不容易生存下

去，她时刻提醒着自己虚心学习，低调做人。

小刘为了能搞好人际关系，尽快地与同事"打成一片"，对

于同事提出的请求，她几乎没有拒绝过，有时还主动为别人分担

工作。她的付出的确也出现了一些成效，但她一时却成为办公室

里最忙的人，她的耳边时常回荡着"小刘帮我把文件发了""小

刘帮我把饭定了"……

可是让她没想到的是，因为她无意的一次拒绝，竟使她一切

的努力功亏一篑。在上周日时该轮到一位同事值班，刚好那位同

事那天要相亲，就想让小刘代班。可是正巧小刘也在那天有事，

就拒绝了她。本来这也就是很小的一件事，小刘也没放在心上，

可是这个同事在后来的工作中明显地冷落她、孤立她，甚至会在

她的背后议论她，说什么"领导的要求就有求必应，同事的请求

就会摇头拒绝"。

这让小刘感到很委屈，也非常气愤，她感觉到，自己能帮助

她是情分，不帮她也是本分，本来想处理好同事的关系，却没想

到反而弄得不愉快。

其实在我们日常的生活中，这样的情况非常多，就是因为自己太想做老好人造成的。虽然有时候在你的想象中是美好的，想着能与别人处理好关系，但往往因为你把握不住做人的分寸，最终导致事与愿违，起相反的作用。在生活中，不能总是做老好人，因为人的关系在很多时候是很微妙的，而且你的手中也没有天平，永远是端不平的。既然端不平，就不要试着去端，做个本本分分的自己，才是最好的选择。

老李和老吴在同一科室共事了数年，是一对资深的搭档。因为平日关系极好，所以不管两人中的谁受了同事的"欺侮"和误解，都会有另一方挺身而出，为老友"仗义执言"地寻个公道。可是最近他们两个却分别在同一科室的另一位同事老丁面前，对对方的不是大加数落，但在表面上却依然友好。

老丁虽然感觉惊异，但深感二人都能把自己当亲近的人诉说"心里话"是对自己的倚重，就想着能替他们双方调和一下，做个"和事佬"，让他们两个化干戈为玉帛。感觉这样做不但对得起他们对自己的信任，并也能促进自己与他们两个人之间的关系。于是他便先跑到老李家替老吴"承认错误"，说些好话，以表达"和好"之心，又会跑到老吴家替老李做"自我批评"，痛陈"体谅之意"。

做完这一切，老丁感到非常骄傲，他回到家里暗想，这件事自己办得实在太漂亮了，肯定会让那两位对自己感激不尽的。可是数天过去后，不但李、吴对其没有丝毫感谢之意，反而对其非常冷淡，俨然是一副攻守同盟的样子。而老丁却在同事的心目中落下了一个挑拨离间的坏名声，这让他郁闷至极。过了很长时间后，老丁才知道自己错在哪里。原来办公室里天天都有是是非非，就连夫妻之间也免不了"勺子碰锅沿"，又何况同事们之间还存在着利害关系呢？偶然有摩擦、不满是正常的，而相互指责对方的不是，将心中的不快发泄出来也是很正常的事。可是他的那番话不仅让李、吴二人觉得他是个典型的"两面派"，不值得深交。他们更会担心在领导和同事之间二人"黄金搭档"的良好形象遭到破坏，影响日后的发展，所以在关键时刻，俩人立即就"求同存异，一致对外"。

老丁本来想做个成人之美的"和事佬"，却没想到自己却被置于了挑拨离间的境地，这就告诉我们：在生活中，很多事并不是凭主观感觉怎么样就怎么样的，而是要对事态做个正确的判断，然后再想该如何去处理，以免让自己落入尴尬的境地。所以，在生活中绝对不能做"和事佬"。当然"软柿子"也做不得，该拒绝时要委婉拒绝。别人有缺点时，也要善意地给予提醒。哪怕会因为意见的不同而分道扬镳，但起码你会让同事发现

你身上的优点——坦率明理，并在当事者不断的理解中，从而得

到同事们的认可。当然最关键的还是要脚踏实地地做好工作，只

有工作上有了好成绩，你才更能得到周围人的认可。

坚守岗位，让才能得以展示

现在有很多人在对一个工作不满意的时候，就想换工作，不少人都想找到待遇不错的工作。尤其是当他们听到自己朋友的公司的福利比自己公司的福利要好的时候，他们就越来越不喜欢自己的公司，于是就开始换工作，大约不到一年的时间，有些人可以换四五份工作。这样一年下来，自己所做的工作还是基层的工作，这样根本就没办法提高自身的能力。

对于任何一个企业的老板来说，都希望留住人才，对于流动性很强的员工，老板很少考虑，毕竟每一个老板都比较喜欢踏实的员工。如果从员工的角度来考虑，要是换工作太频繁，造成的主要影响就是不能让自己学到更多的知识，这样永远都会让自己处于不利的位置。在当今社会，如果想要在职场中做出一番惊人的成就，就应该不断去积累工作经验。员工如果眼高手低，那在职场中永远都无法让自己获得重大的突破，这样想要提高待遇也是不可能的了。

小陈毕业后不久在一家小型的广告公司担任广告设计员一职。期间，获得了许多宝贵的工作经验，并很快在工作中显示出不俗的能力，深得老板器重，同时也引起了其他竞争公司老板的注意。一家大中型广告公司的老板，向他许诺了更好的待遇，小陈二话不说，带着原先的一些创意构思去了那家公司。之后小陈在那家公司未能如意，打算再找工作，但用人单位对这种频繁跳槽的人总是避而远之，他始终没找到称心的工作。

行走在职场中，不要让自己的欲望太强，否则就会让你安不下心来，就会这山看着那山高。在不断地选择中，会让自己迷失方向，使公司都对你失去信心，也很难找到一份令自己满意的工作，想要进步就更困难了。

到处找工作的小狗汤姆，虽然忙碌了好多天，却没有一丝收获，于是他向妈妈垂头丧气地诉苦说："难道我就是一个一无是处的废物？为什么没有一家公司接纳我？"

妈妈奇怪地问："那么，蜘蛛、蜜蜂、猫和百灵鸟呢？"

汤姆说："蜘蛛在搞网络；蜜蜂当了空姐；猫是警官学校毕

业的，所以当了警察；百灵鸟是音乐学院毕业的，她当了歌星。我与他们不一样，没有接受高等教育的经历和文凭。"

妈妈继续问道："还有绵羊、母牛、母鸡和马呢？"

汤姆说："马能拉车，母鸡会下蛋，绵羊的毛是纺织服装的原材料，母牛可以产奶，而我是什么能力也没有。"

妈妈想了想说："的确，你不是一只会下蛋的鸡，也不是一匹能拉车的马，但你也绝不是废物，你能做一条忠诚的狗。你虽然没有受过高等教育，没有过强的本领，可是你却可以用诚挚的心来弥补所有的缺陷。儿子，我一定要记住妈妈的话，不管经历多少磨难，一定要珍惜你那颗金子般的心，并让它放射出灿烂的光芒。"汤姆听了妈妈的话，使劲点了点头。

虽然经历了艰难困苦，但汤姆还是找到了工作，并当上了部门的行政经理。这让鹦鹉很不服气，就找老板理论说："汤姆不但不是名牌大学的毕业生，而且也不懂外语，为什么要给他那么高的职位？"

老板冷静地回答说："很简单，因为他很忠诚。"

如果在职场中，你不能用过硬的本领和优势让人信服，那一定要保持住自己最本色的真诚，只要真诚在，不管经历多少坎坷，总能找到属于你的工作。这种来之不易的工作会让你倍加珍惜，所以也就会更用心地去做。你的真诚也总会得到老板的赏识，这样你离升迁之日也就不远了。

　　人工智能研究的开拓者、诺贝尔经济学奖得主赫伯特·西蒙和威廉·蔡斯在研究国际象棋大师的成长时指出：要在任何领域成为专家，一般需要约10年的艰苦努力。我们也许未必要成为大师，我们也未必一份工作干到底，但是坚持的道理从来都未曾改变，事业成功与爱情美满的价签上都写着"坚守"两个字，而人生的任何目标都只是方向，坚持才是通往目的地的列车。 在我们刚迈入职场时，会出现万事开头难的态势，这应该是每一位刚入社会的职场新人所必须面对的。

给心灵放一次长假

人生中充满了太多的不容易，生活中也到处是波折和艰辛，甚至在感情方面我们也时常会有伤感和无奈，面对人生的这种境地，需要我们有一种博大的胸襟和心态去面对。可是并不是每个人都能做到的，因为这更需要一种超越世俗的境界，需要看得远、看得广。所以应该适时地给心灵放一次长假。

不管面临多么大的坎坷和艰辛，我们一定要保持着一颗积极向上的心。悲伤过也是一天，快乐过也是一天，为何不能让自己快乐地生活，有信心地活着呢？放松自己，不要对生活有过多的苛求，更不要让自己把神经绷得紧紧的。将我们的神经放松，去感悟心灵，感恩生活，也给心灵一次放松的机会。

她于1911年出生于日本的木县，父母做大米生意，家境比较好，使她的童年生活无忧无虑。在20岁以后，她认识了一个男人，结婚后半年才发现对方竟是一个无赖，她只能选择离婚。在33岁时她又遇到一个厨师，两人迸发出爱情的火花，再婚的生活是温馨和充满温暖的，可是后来她的丈夫死了，她只能一个人独居。

她在年轻时就喜欢文学，爱好阅读，到五六十岁时又爱上了舞蹈。她的精神需求因为阅读得到了满足，所以独居让她觉得是一种享受。而她的身体也因为舞蹈而变得健康，使年龄只能成为一种数字。她是那么爱美，即使是一个人生活，也要过得有声有色，她会把口红和镜子随时放在身边，即便足不出户，也要在早晨为自己化一个淡淡的妆。

她在92岁时因为跳舞而扭伤了腰，看到她的心情特别郁闷，她的儿子就让她写诗，因为这曾经是她年轻时的梦想。她在儿子的鼓励下，开始了自己的梦想。当她看到自己发表在报刊上的诗歌时，心里非常高兴，同时也给了她继续写诗的动力，于是她就不停地写，不停地发表。

98岁的她在2009年秋天出版了处女诗集《别灰心》，该诗集当年销售量就超过了150万册，并挤进2010日本年度畅销书籍前十名。在日本诗歌书籍的印量很小，一般的也只能印几百本，她却创造了日本诗歌书籍出版的神话。

　　她的诗歌以梦想、情爱和希望为题材，如阳光般地温暖。她快乐地写诗，使得自己的诗歌也充满了激情。《产经新闻》"朝之诗"专栏编辑为《不灰心》诗集写的序言中说："只要看到柴内丰婆婆的诗，我就仿佛感受到一丝清爽的风吹拂脸庞。"她的诗歌达到一个高度，那是生活和生命的高度。她又在2011年初出版了第二本诗集《百岁》，已经售出几十万册。当她被记者问道："你是否意识到自己已经100岁了？"她会开玩笑地说："写诗时没有在意自己的年龄。看到写好的书，才知道自己已经100岁了。"

　　如此乐观的她，在世上寂寞地活了十多年，耳闻目睹了许多人间的悲喜剧，并看着自己一步步走向死亡，她在100岁时依旧充满希望，并对自己说："喂/说什么不幸/有什么好叹气的呢/阳光和微风从不曾偏心/每个人/都可以平等地做梦/我也有过/伤心的事情/但活着真开心/你也别灰心。"她就是柴内丰，一位在日本很平常的老婆婆，她因为有写诗的梦想，在90岁之前是那样默默无闻，但90岁之后却一举成名，取得辉煌的成就。

　　乍一看，柴内丰的一生似乎富有戏剧性，她由一个平常的老婆婆一跃成为著名的诗人，似乎让人感觉非常不可思议，这又是很顺理成章的事，因为从她的一生轨迹中我们不难看出，她是那样的乐观豁达，不管生活有多少困难和挫折，她不但会笑脸相迎，而且会认真地对待，从来不让自己紧张，只是随遇而安、顺势而活。所以当婚姻不幸时，她会选择离婚，美满的生活被打破后，她会不断充实自己。在她93岁时终于出版了第一本诗集，并取得良好的社会效益，接着她又出版了第二本诗集，她的生活变得更加充实而完美。由此可见，不要太过于苛求于自己该怎么做，生活又该给予你什么，自然会水到渠成，只要你真实地对待生活，生活总会对你有所回馈的。

陈逸飞出生于浙江宁波，他于1965年毕业于上海美术专科学校，后进入上海画院从事油画的专业创作，他的多幅油画作品，如《占领总统府》《踱步》《黄河颂》等曾多个大型画展上展出并获奖。陈逸飞又于1980年赴美国纽约，并在四年后获得亨特学院艺术硕士学位。陈逸飞也由此很快成为西方世界中最著名的中国画家，其作品曾在纽约国际画廊、史密斯艺术博物馆、新英格兰现代艺术中心等国际重要美术馆展览。

陈逸飞于1992年回国后，创建了逸飞工作室，以"大视觉、大美术"的理念走入中国刚刚兴起的文化娱乐产业，他不但继续画油画、拍电影，并创办了模特经纪公司，搞服装，办杂志，还发展家用艺术品设计和平面设计等。1993年，他完成了第一部电影《海上旧梦》，以鲜艳的颜色的纯画面讲述一个旧上海的故事。之后，他又相继完成另外两部同样以20世纪20、30年代上海为背景的电影《人约黄昏》和《逃亡上海》。虽然一些舆论对他褒贬不一，但他在商业上却取得了巨大的成功，比如Layefe（女装）、Leyefe（男装）、逸飞之家（时尚家居专卖店）、逸飞模特、逸飞艺术仓库等多个品牌，都被他打造成为沪上时尚界的知名品牌。

成功的陈逸飞一直伴着他的是多种批评，他被一些美术评论家认为成功是由于他的作品充分满足了西方世界对中国的一种幻想。而陈逸飞的从商行为也让许多人认为他从事的工作过多、过杂，对其艺术上的创作很不利。2005年4月6日，陈逸飞正在指导新电影《理发师》的拍摄，因劳累过度而导致胃穿孔而紧急从浙江富阳返回上海治疗。可是他在住院后两天就不顾医生劝告而继续返回从事拍摄。4月10日再度发病，又被送回上海，最终因上消化道出血抢救无效而在上海华山医院病逝。

陈逸飞的病逝让人感觉多么令人惋惜啊！在人生的道路上，陈逸飞不管作为艺术家还是经营商人，他都是非常成功的，并取得不俗的成就。可是人们常说的一句话是"月满则亏，水满则溢"，他苛求得太多，就让自己如机器一般不停地做下去，最终因过度劳累而亡。这是多么悲痛的事啊！其实不管你拥有什么，生带不来，死带不去，又何必那样苛责自己呢？

人们每天都会有事做，所以根本就做不完，如果感觉累了，就不妨为自己放一次长假，对人生安静地做一下思考，就会让你对很多事物有新的看法。给心灵放一次长假，就不会让自己感到那么累。休完假期再勤奋地投入到工作中，洒脱、快乐地生活，我们会因为劳逸结合而使得人生的旅途相得益彰，活得更加精彩。

做最出色的自己

　　在我们每个人的身上都存在着这样或那样的缺点，其中就有否定自己、丧失自我。我们在生活中总希望能活得像别人那样，将自我置于别人的人格之下，而把别人的能力无限夸大，却把自己衬托得如此渺小，感觉自己的人格极不完善，有着各种各样的缺点和不足。

　　那么，我们为什么非要活在别人的阴影下呢？其实在别人的内心世界同样也会残留着曾经被失败打击的伤疤，不会像我们想象的那样完美，所以何必抬高别人而小看自己呢？成功的人总能走出别人的影子，做最出色的自己。

　　有一位面临死亡的智者想在临终前考验一下他的助手，于是就把这位助手喊到床前说："我的蜡烛在耗尽，我想找一根蜡烛继续点下去，你明白了吗？"

助手赶忙说："明白，您是希望把光辉思想很好地传承下去……"

智者听了助手的话慢慢地说："可是，我需要一位优秀的传承者，我希望他要有足够的智慧，也要有非凡的勇气和充分的信心……可是至今我也没找到这样的人，你能帮我寻找一位吗？"

"好的，我一定会竭尽全力为您寻找，一定不辜负您的信任。"助手坚定地说。

智者听了助手的话，只是笑了笑，什么也没有说。于是从那时开始，这位勤奋而忠诚的助手就不辞辛劳地通过各种渠道来寻找智者想要的人。可是被他领过来的所有人，都被这位智者婉言回绝了。后来当智者病入膏肓时，他的那位助手再次无功而返地回到智者的病床前，智者硬撑着坐起来，抚着那位助手的肩膀说："真让你费神了，但你知道吗？你找来的那些人，他们可都不如你啊……"

"我一定再加倍努力，找遍所有的地方，我也要给你找出最优秀的人，并把他们举荐给您。"助手恳切地对智者说。智者还是笑了笑，没有说话。又过了半年，眼看智者要告别人世了，可是智者需要的人还是没有被助手找到，助手非常惭愧地泪流满面

地坐在床边，语气沉重地对智者说："太对不起您了！我让您失

望了！"

"失望的是我，而你却对不起自己。"说到这里，智者很失意地闭上眼睛，许久才充满哀怨地说，"其实本来你就是最优秀的，可是你却那么不自信，总把自己忽略了……每个人都有自己最闪光的地方，差别就是在于如何发掘和认识自己……"还没等智者说完，他就这样遗憾地离开了世界。那位助手非常难过，他自责了整个后半生。

智者说得多么对啊，"每个人都有自己闪光的地方，差别就在于如何发掘和认识自己"。其实在智者的心里，他早就把这位助手当作自己的传承者，他知道这位助手非常有能力，可是缺少的就是自信，于是想通过让助手帮助他寻承接者，让助手寻找一份自信。可是没有自信的助手，想尽方法为智者寻找合适的人选，却总把自己忽略掉。直到最后他竟也没有认识到自己的缺点，而只能被智者点明，也不知他在以后的人生中是否能明白智者的苦心。所以从一定意义上来说，敢做的心态比会做更重要，在自己具备强大的实力的情况下，如果漫无目的地否定自己就没有意义了，应该勇敢地承担起自己该担负的责任，投身到自己热爱的事业中去，充分发挥自己的优势，相信自己一定能做到最好。

迈克的父母都是物理界的知名学者，他们希望自己的孩子也

能成为物理学界的泰斗，于是从迈克的小时候，他的父母就给他灌输各种物理知识。可是不知道是什么原因，小迈克却对经商情有独钟，对物理根本没有兴趣，他总是偷偷地在夜里学习有关商业及商业管理方面的知识，竟能达到如饥似渴的地步。

成年后的迈克无法违背父母的意愿，不得不在父亲所在的学校教物理，可是在他心里，物理绝对不是他的所爱，他认为自己积累下的商业知识和商业才能足以让他在商界做出一番事业。最后还是父母对他放弃了要求，但却不为他提供任何帮助。因为拥有丰富商业知识，迈克终于让自己在商场有了一块领地，他成了英国首屈一指的房地产大亨。

迈克是一位非常有主张的人，他对自己充满了信心，虽然他的父母固执地想让他继承自己的事业，但迈克却根本对物理不感兴趣，他只会朝着自己热衷的方向发展，由于坚持了自己的梦想，迈克最终还是做了自己想做的事，从而成为英国首屈一指的房地产大亨。在很多情况下，也许能力无法决定一切，但只要你自信，坚持自我，一定在人生的道路上找到属于自己的成功。

王章程毕业于美国加州大学，是一位年轻的美国华裔数学家。他的许多同学在毕业后都去了大的财团，而只有他一人一头扎进加州的私人研究室，并坚持了十年。他在这十年中由于收入非常低，直到30岁时还买不起房子，他的那些同学们已经成为月收入几十万甚至上百万的大老板。人们都感觉王章程的生活很糟,可是他却不这样认为,因为他在35岁时,攻克下世界两项顶尖级数学难题,而且在接下来成果迭现,先后被美国的十几家大学聘请任教。经过许多年的坚持,他在世界数学界成为公认的数学之王。

如果他当时也像其他的同学那样毕业后去大的财团,也能像其他的同学那样拥有不菲的收入,可是绝不会获得现在丰硕的成果。所以不管别人做什么,你只需要把握住自己的方向,朝着自己定下的目标不懈地努力,就能做好最出色的自己。

我们正处于中华民族伟大的复兴进程中,在我们的心里都怀抱着一个让自己人生出彩的梦。要让自己出彩,并不是要求所有的人都腰缠万贯、富甲一方。这需要我们认清自己,把握好自己的方向,走属于自己的路,只要你坚定不移地走下去,一定能做最色的自己。

第六章

当你摔倒后，一定要勇敢地站起来

在人生的道路上，我们总会有摔跟头的时候。今天很残酷，明天更残酷，后天很美好，但是很多人死在了明天晚上，看不到后天美好的日出。所以当你摔倒后，一定要鼓起勇气爬起来，从每次的失败中找到通往成功的道路。

该如何度过生命中那段难熬的时光

有句名言是这样说的："今天很残酷，明天更残酷，后天很美好，但是很多人死在明天晚上，看不到后天美好的日出。"这就让我们引申出一个话题：该如何度过生命中那段难熬的时光？

在那段难熬的日子里，日子越不好过，越要有乐观向上的心态，以克服眼前困难的日子。其实我们应该在心里感谢艰难，正是因为通过对艰难日子的挑战，才把我们深层次的潜能激发出来，将我们的意志磨砺得更坚强，我们就会越有奋发图强的心理努力工作。心理学巨匠威廉·詹姆士说："播下一个行动，收获一种习惯；播下一种习惯，收获一种性格；播下一种性格，收获一种命运。"所以凡事事在人为，不管什么时候都要清楚地记得自己，千万不能忘记自己是谁，那样就容易忘了自己的初衷，忘记自己的使命和目标。

小莉刚到香港时，刚结束一场长达七年的初恋。面对人生地不熟的香港，她又不懂粤语，连日常的生活沟通都成为问题，面临着困难重重。尤其是在圣诞节或情人节时，形单影只的她在这繁华的都市中备感落寞，再加上香港的工作节奏很快，也让她感觉非常不适应。她每天被那种不合拍的感觉和噬人的孤独感围绕着，让她感觉束手无策。

在那段时间她特别害怕下班，房间被打开后空空荡荡，四面是墙，里面没有什么家具，只有一个临时的床垫铺在地上。每当黄昏时闻到楼下煎鸡蛋的香味，她想家的念头就会十分强烈。以前她从来没有失眠过，但她现在却开始整夜睡不着，频频想着爬起来打电话，但又怕家人担心，只能躺在黑暗中，对自己一遍遍地说："静下来，静下来，都会过去的，明天太阳还会升起。"早上起来，她就会对着镜子里的自己微笑："打起精神来，今天又是新的一天。"

有一次，她在某大楼的喷水池前等朋友，看到不断上涌的水花，再形成透明美丽的图案，是那样的兴致盎然。于是她在思索着，喷水池的水是如何向上走的呢？而且还一直保持着向上的姿态？后来她明白了，是因为水流被激射出来，形成水柱，这种力量一直往上推着，于是让顶端的水花盛开得这样美丽动人。于是她有所感悟：挫折和伤害并不可怕，重要的是如何来把痛苦化解掉，寻找来自内心的支持力量。只要心底充满力量，一定会让自己保持一种向上的姿态。否则，1分钟的懈怠也会让顶端的水花瞬间败落。喷水池源源不断地被新的水柱补充，而对于人的心态而言，学习就是最好的活水之源。

这么多年以来，她一直坚持着学习，不仅要多读书，而且在每一次采访中，她都能如同海绵般吸收到新鲜的东西。这也让她意识到她现在做的媒体经营管理工作，也需要用更多的新知识去应对。

人生总会遇到那个很难跨越的坎，刚进入香港并跨入职场生涯的小莉当然也不例外，在那段日子里，她对那个陌生的城市充满了惧意，在那个繁华的城市中感到无比落寞，会因为紧张的生活而彻夜失眠……这一切，她都靠坚强的毅力挺了过来。而且在喷水池的启示下她明白了，自己只有不断地学习充实自己，才能让自己的心底充满力量，所以她才能一步步取得如此辉煌的人生。由此可见，一个勇敢的智者总能从人生的困境中走出，在与困难不断斗争的过程中，让自己变得越来越强大，渐渐地向成功靠近。

《勤奋好学的故事》这本书里记载着许多名人刻苦学习的故

事，其中有一个故事是关于海伦·凯勒发愤图强的故事。

海伦·凯勒是美国著名的女作家，在她小的时候因为生了一场大病而使她双目失明，并使耳朵也失去了听觉。在她七岁的时候，父母为海伦请来了一位老师，帮助她学习。可是既看不见又听不见的海伦又如何学呢？所以这位老师想了一个办法：先把一个洋娃娃拿给她玩，然后在她的手心上写上洋娃娃这个词，这样海伦就知道洋娃娃是什么了。很快，海伦就喜欢上这种学习方法，从此以后她就用这样的学习方法一个一个地记，日积月累，竟学会了不少词。我们可以想想，作为一个失明失聪的孩子，海伦将要克服多么大的困难啊！可是她却不怕困难，用惊人的毅力克服种种困难，终于成为一位举世闻名的作家。

海伦作为一名眼睛看不见、耳朵听不见的残疾者，在她人生的道路中遇到的困难更是千万倍于平常人，可是她在老师的帮助下，不但能学习，而且把学习当作一种很大的乐趣。在日积月累的学习过程中，让自己变得强大。其实每个成名的人都与困难不断在进行斗争，即便我们成不了名人，但在自己的生活中，坚持着走出生命中最难熬的岁月，也会为自己的生活增添不少色彩。

人们说艰难困苦是幸福的源泉，安逸享受是苦难的开始，在生活中不会有绝境，你之所以感到陷入绝境，是因为你没有把自己的心打开，使自己的心封闭起来，陷入一片黑暗中。封闭的心就好像是没有窗户的房间，会让你永远处在黑暗中，实际上这只是四周的一层纸，一捅就破，而外面则是一片光辉灿烂的天空。所以我们应该全心全意地收获生活的每一天，在平凡的日子里感到美好的生命，在耕耘里感到劳作的快乐和收获的喜悦。

那些快乐、幸福的日子永远属于那些积极、乐观、勇敢、坚强的人；永远属于那些意志力强、忍耐力强、能坚持到底的人。在艰难中用坚强的意志磨砺自己，能真正正视自己的生命，从而把所有的困境摆脱，直达自己想要的目标，使自己和家人过上幸福、快乐的日子！所以当你遇到困难时，一定不要躲避，正视自己的生命，让生活变得幸福、快乐，那么这个世界也会因你而变得美好、可爱！

即使不会尽善尽美，也要无可替代

强食弱、快吃慢是这个社会的竞争法则。只要人们活在这个世上，就不能避免面对竞争。当面对竞争时，可能我们不会做得尽善尽美，但一定要做到无可替代，打造自己的核心竞争力，以增强自己的竞争优势。

关羽因为武艺高强而被后世尊为"武圣"，华佗因为医术高明而被尊为"医圣"，李白因为诗才俊逸而被尊为"诗仙"，刘翔因为跑得快而被称为"飞人"……从古至今，三百六十行，行行出状元，而关键就在于自身有没有个人核心竞争力。那么，什么是核心竞争力呢？

所谓的核心竞争力就是人无我有、人有我精的一技之长，是以个人专长为核心的知识、能力、素质等方面的综合体，它概括起来主要体现在五个"力"上，即意志力、思维力、凝聚力、适应力和创造力。

核心竞争力并不等同于一般的竞争力，如果说竞争力的形成需要十倍的努力，那么核心竞争力的形成就需要百倍的努力。我们在职场中只有把握住个人的核心竞争力的特点，在实践与学习中不断地培育和提升自己的核心竞争力，才可以在未来立于不败之地。

吉田从日本移民美国时非常穷困，初到异邦时，他身上也只有500元钱，而且他还不会英文，只能以当男仆谋生。就在他最困难的时候，他的女儿生了重病，没有钱支付医疗费。这让他伤透了脑筋，感觉自己真不应该来美国。幸亏在此时，他还有一些好朋友为他慷慨解囊，帮他渡过了难关。

临近圣诞节，吉田穷得实在拿不出钱给朋友买礼物，可是他有调制酱汁的特长，于是便把自己亲手调制的红烧酱汁送给了朋友。可是让人没有想到的是，他做的酱汁竟大受欢迎，很多人要他再做一些，有些人还建议他出售酱汁。于是他便开始经营酱汁生意，他的生意不但兴隆，而且一发不可收拾地风靡全球。在以后的日子里，"酱汁老板"的商业王国逐步扩大，他在十多年的时间里，已经有了5000多万美元资产，经营品种也扩大到美食和滑雪板等。

吉田能从身上只有500元、女儿得病都拿出不治疗费用的穷困潦倒者，变成拥有5000多万美元资产，并经营多种品种的"商业王国"的成功人士，就是源于他拥有调制酱汁的特长，拥有强大的核心竞争力。由此可见，核心竞争力对于一个人来说具有多么强悍的力量啊！

小齐是做企业内训的，工作做得风生水起，非常顺手，在企业内部有很好的口碑。因为拥有良好的业绩，也给他带来了十足的信心，他想转岗做HR（人力资源），于是向上级打报告申请转岗。根据他以往的表现，以及他在公司内部的良好形象，他的申请很快就被上级批准了。

按理说这一切都是水到渠成的事，小齐在接下来的工作中也应该顺着这个势态走，他也带着满满的信心走上岗位。只要能在这个岗位上有突出的表现，他就能为自己赢得提升的机会，正式转为HR。

然而，人算不如天算，小齐在实际操作的过程中，自己根本无法将以往的工作经验顺利地移植到现如今的工作中。一个月过去后，他没有达到当月的人员招聘指标。在第二个月的时候，他想方设法通过各种渠道招人，可是送到各个部门的新人很多都不能让各主管满意。经过三个月的考核后，各部门主管对他的招聘工作业绩都不满意。最终，小齐的转岗失败了。

小齐就是因为自己缺少核心的竞争力，无法适应新的工作岗位而失败的。其实在我们日常的工作中，我们可以胜任一项工作，并不等于其他工作也能做得风生水起，如果想要转行，必须要让自己有足够的准备，具备强有力的核心竞争力。有一句老话讲："艺多不压身。"吹拉弹唱都会，就会在人生的舞台上表演得更出色，怕就怕样样不精通，样样稀松。所以像小齐这样的职场人士，应该在自己做得好的领域内踏踏实实地干下去，当自己真正具备强有力的核心竞争力时，再去考虑转岗。

秋桐是某合资公司的一位人力资源战略及管理人员，在她看来，职场最重要的生存原则就是诚信求实。也就是说，不管做任何事情都要从头到尾尽自己最大的努力做好，不管是否在上司面前，都要踏踏实实地做。这样，早晚会在成效上走出上级的期望值，从而可以与上司建立起良好的互动与信任关系。当然，高水准的职业素养也是非常重要的，这一点主要是来自于自觉地努力学习，让自己不断突破思维方式的瓶颈，尽快掌握职业技能，使工作能力得到持续提升。所以她报读了个比较权威性的EMBA项目来实现自我超越。

很幸运的是，她的每任老板都有比较开放的心态，特别是现任老板，对人力资源战略非常重视，全力支持人力资源的管理工作，懂得使企业重新向规范化发展的道理，并给予员工很大的发展空间，鼓励大家寻找挑战，而寻找挑战和喜欢创新正是她性格的优势。当某件事情做到一定程度后，她会深入分析，从而寻求发现与以往不同的新东西。

秋桐在自己的职场生涯中，一直都走得很稳，而且还有着很强的忧患意识。她知道，个人在职场上寻求安逸是非常容易的，但是也会容易因为停滞不前而让自己陷入凶险的境地，所以她会不断提升自己的核心竞争力。因为这种核心竞争力是不可替代的，所以在管理团队中就会得到周围的人们的认可，并获得广泛的尊重。

因此，我们在职场生涯中，应该先清楚了解自己的优势，并能够利用这些优势为自己形成核心竞争力。我们应该清楚地知道，自己有什么可以让同事、朋友、上级领导以及周边的人们称道的东西，而这些"东西"是你非常巨大的财富，它会让你形成核心竞争力。有了核心竞争力，就会如同一把锋利的刀在手，利用它可以非常轻易地把一次次机遇的口子切开，在竞争中胜出也会成为水到渠成的事。

核心竞争力也是职场人生存的利器，它能体现个人商业价值。不管你任职于哪家企业，也不管该企业是否很知名，如果你想成为一个职业达人，就应该对自己未来的职业目标和发展

方向有所了解，并不断地积累和提升自己的综合能力，加强对

自己执行力的培养，从而让自己在某一领域成为他人不可替代

的精英。

也许你的生活是别人眼中的风景

卞之琳的诗《断章》中有这样一句话："你站在桥上看风景，看风景的人在楼上看你。"是的，在人生的风雨旅程中，在你对别人住着高楼大厦而感到羡慕时，或许在墙角瑟缩的人也正在羡慕你有一间可以遮雨的草屋；当你羡慕别人坐在豪华车里时，那些失意的在路上行走的人或那些正躺在病床上的人，正羡慕你可以自由行走……

在很多年前，小凌喜欢上一个女孩，他是在一次运动会上偶然遇到这个女孩的。当时他觉得她漂亮温柔，而且身上也有一种很特殊的气质，小凌被女孩的这种气质深深地吸引住了。

从那时起，他便开始关注这个女孩，从女孩的朋友的朋友那里打听她的一切，只要是认识这个女孩的人，小凌便会凑过去与其聊天，还装作不经意问问的样子。于是他从别人那里打听到了这个女孩的名字，她的喜好，她的身高，她的优点等一切与她相关的信息。小凌是多么期盼能够再见到这个女孩，还制造邂逅机会，甚至还会神不知鬼不觉地跟踪她，只是希望能够在路上见到她，在吃饭的食堂里能够遇到她。虽然每次相遇都是如此的陌生，但只要能看到女孩，小凌就会觉得非常知足。

后来很巧，他们有一节课在同一间教室里，小凌坐在了前排，而他暗恋的那个女孩则坐在后排。虽然小凌总是在装着认真听课，但是总是心不在焉地想着那个女孩，也会若无其事地把头转过去，扫视一下女孩的座位。如果他看到女孩没有注意到他，就会把眼睛在她的脸上停留一会儿，然后再快速地转回来，但心里喜滋滋的；如果正好与女孩的目光对视，他会赶快躲过女孩的目光，装作看别的东西。这样过了好久好久。

直到有一天，当小凌满怀希望地转过头时，却发现她刚刚还在坐着的座位竟空了，她的书包也不见了。原来女孩竟逃课了。这让小凌感到很失望，但也在心里告诉自己，她肯定有什么事情不得不提前离开。可是自此之后的一连几节课都是这样，没有了女孩，小凌也无法用心听课了。

当小凌走到另一间教室时，透过玻璃他看见了那个女孩，虽然那里并没有她的课，可是她却在教室的后排坐着，右手托着腮，她在看着前面不远处的一个男生，那眼神就像小凌看她一样，脸上挂着微笑，幸福而充满羞涩。这让小凌心里充满说不出的感觉，只能独自苦笑，心里想道："原来她与我一样，竟也在远远地、默默地看着自己喜欢的人，迷恋而仰慕着。"

人生就是这么富有戏剧性。在小凌的眼里，女孩是一处多么美丽的风景啊，所以他会默默地暗恋她，想办法能够再见到她。然而，令他没有想到的是在女孩的心里竟然有另一处风景，她同自己一样，也是那样默默地迷恋地仰慕着。其实，这样的风景又何止一处？我们总是在羡慕着别人如何如何，可是却不知道，在别人的眼里，你也是另一处让人羡慕不已的风景。因此，一定要实实在在地把日子过好，别人的日子过得不管多么好，那永远不属于自己，只有把自己的生活经营好了，才是属于自己的美好风景。

曾经有两对夫妇住在同一幢楼上，他们还是对门，左邻居的男主人是政府公务员，右舍的男主人是一位私企的老板，但他们似乎又称不上男主人，因为总能透过窗子传来他们的妻子的"河东狮吼"。

左邻居的女主人常常用这样的腔调说："你瞧瞧自己的熊样儿，几十年混过去过了，无权也无钱！看人家对门，老公是老

板，人家的女人孩子穿金戴银的，看人家是咋混的？与人家比
比，你怎么有脸进这个家门？"而右舍的女主人则经常和男人哭
闹说："你整天忙得不见人影，这个家还算个啥，即便钱挣得再
多又有何用？你看人家对门，人家男人是如何做的？下班后就回
家陪老婆孩子，一家人其乐融融的，你什么时候才能像人家那样
闲在呢……"

看完这个故事，不禁让人哑然失笑。很多时候人们都不懂得
知足，当日子穷的时候，就盼着能有钱，但如果真有钱了，却又
羡慕那平淡而充满欢笑的日子，所以人们的贪欲总是无止境的。

然而，人生毕竟有限，每个人的能力和境遇都是不一样的，
即便是树上两片同时飘下的叶子都是不尽相同的，又如何苛责自
己与别人拥有同样的东西，或者是比别人拥有得更多呢？我们只
有管好自己的事情，过好自己的日子，那才是自己最大的幸福。

我们没有必要在生活中为难自己、质疑自己。有时我们不能
很好地学会或理解某样事物，那是因为我们接收和思考的角度不
一样罢了。每个人都有自己的路要走，自己的泪要自己擦。但要
记得，饿了，给自己买个面包；冷了，给自己添件衣服；痛了，
让自己多份坚强；失败后，再为自己定个目标；跌倒后，要爬起
来，给自己一个宽容的微笑，让自己继续走下去！

总之，与其去仰望别人的辉煌，不如亲自为自己点亮心灯，

把握真实的自己，才能对自己有更深刻的解读。走在生活的风雨旅程中，要得之坦然，失之淡然。透过洒满阳光的玻璃窗，蓦然回首，你也是别人眼中的风景。

足下有荆棘，抬脚先试试

　　在每个人漫长的人生路中，并不是总是充满着诗意和阳光，很多情况下都会遇到沼泽和荆棘丛生的小道，有些人摔倒后会从此一蹶不振，而有些人虽然会屡战屡败，最终却能拥有光彩夺目的人生。

　　所以当你陷入逆境后，并不意味着就走进了失败，其实逆境是一部丰富的人生教科书，会造就拥有超群毅力的成功者。

　　同时，一个人如果想取得成功，为自己的人生定好位也是非常重要的，因为只有在不断的尝试中才能发现自己适合做什么，从而找到自己的方向和目标。

　　如果把人生比作航行在大海中的航船，人们会因为周围环境、波浪的变化而头晕，感到迷茫和彷徨。这就要求我们要有远见，看准海天之际的那条地平线，从而更加快速和顺利地驶向成功的彼岸。

有一个小伙子生长在贫民窟里，他身体非常瘦弱，可是却想长大能成为美国的总统。

这样的抱负该如何实现呢？经过长时间的思索，年纪轻轻的他拟定了这样一系列的目标：首先要做美国州长，而竞选州长必须得得到雄厚的财力支持，要获得周围的支持就一定要融入财团，因此先要成为名人，要成为名人最快速的方法就是做电影明星，要做电影的前提是必须要练好身体，为自己练就一身有魅力的阳刚之气。

于是按照这样的思路，他开始脚踏实地地做着。他先为自己找到强身健体的办法，即练健美，于是对练健美有了非常大的兴趣，并刻苦而持之以恒地练习健美，渴望自己能成为世界上最健美、最结实的男人。

经过三年的努力，他凭着发达的肌肉和健壮的体格成为健美先生。他又在以后的几年的中，成为欧洲乃至世界的健美先生。他在22岁时进入了美国好莱坞，并在好莱坞花了十年的时间，利用自己在体育方面的成就，一心塑造百折不挠、坚强不屈的硬汉形象，使他在演艺界声名鹊起。

他有了如日中天的电影事业，他的女友家庭在他们相恋九年后，接纳了这位"黑脸庄稼人"，而他的女友就是赫赫有名的肯尼迪总统的侄女。

在婚姻生活的十几个春秋里，他与太太生育了四个孩子，并建立了一个"五好"家庭。年逾57岁的他于2003年退出影坛，从而转入从政，并成功竞选成为美国加州州长。

他就是阿诺德·施瓦辛格。

作为一个从贫民窟走出来的穷孩子，而且从小身体纤弱，施瓦辛格的理想似乎有些太虚无缥缈，但是他却并不这样认为，他为自己定了一个非常周密的计划，并试探着一直按照计划走下去，经过他的不懈努力，他成了美国的加州州长，取得了人生的辉煌。

人们常说，人生中最大的悲哀是一辈子做自己不喜欢的工作；最大的失败就是忙碌到死一事无成，并看不到希望，施瓦辛格却是成功的，因为他的人生有规划，并让自己慢慢爱上自己所规划的事业。当他脚踏实地地一步步走下去时，人生的梦想就实现了。

人生没有规划，就像是没有计划和目标的航行，在燃料用完后，只能陷在大洋里喊救命；人生没有规划，会让我们每天挣扎在困境中，却不知为何难掩伤心，为何变得麻木不仁。当我们面对困难和挫折时，一定要为自己做一些周密的规划和布局，趋利避害，迎难而上，就必定能掌握可持续发展的主动权，从而实现自己的美好夙愿！

世界灰暗，是由于心中不灿烂

美国自然科学家、作家杜利奥提出："没有什么比失去热忱更使人觉得垂垂老矣。"所以，一个人在心态上是积极还是消极，决定了他生活是光明还是灰暗。

人生是厚重的，而生活却是充满褶皱的，人的一生不可能是一帆风顺的，生活中也不可能会事事如意。生活也不可能随意涂画，想怎么着就怎么着，在漫漫的人生路途中，苦乐参半。人生不会都是云淡风轻，生活也会有悲欢离合，也因此构成了我们的丰富世界，所以当你感觉世界灰暗时，先看看自己的内心是否灿烂。

1832年，林肯面临着失业，这对于他来说是非常伤心的事，但是他仍然决定要当政治家，当州议员。不幸的是，他竟在竞选中失败了，短短一年里，他经历了两次打击，这对他来说无疑是非常痛苦的。林肯接着又着手开办自己的企业，可是这家企业不到一年又倒闭了，他不得不在以后的17年间，为偿还企业倒闭所欠的债务而到处奔波。随后，林肯再一次决定参加竞选议员，而这一次他成功了，也让他的内心萌发一丝希望，感觉自己的生活有了转机，于是他对自己说："我可以！我能成功！"

1835年，林肯订婚，可是他的未婚妻却不幸地去世了，这给了他太大的精神打击，他心力交瘁，以致数月卧床不起，1836年，他得了精神衰弱症。两年后，林肯觉得自己的身体恢复得良好，就决定竞选州议会议长，他却失败了。他在1843年又一次参加美国国会议员的竞选，但仍然没有成功。虽然林肯一次次地尝试，却一次次遭到失败的打击：企业倒闭、未婚妻去世、竞选败北……

任何一个人碰到这样的情况，可能就会感到天昏地暗，认为自己一无是处，放弃对于人生来说比较重要的事情，可是林肯却没有放弃。他在1846年又一次参加国会议员的竞选，这次他终于当选了。两年任期很快就过去了，他决定要争取连任，因为他认为自己做国会议员非常称职，做得很出色，相信选民会继续选他。可是结果却没像他想象的那样，他很遗憾地落选了，他还为这次竞选赔了一大笔钱。他只能申请做本州的土地官员，却被州政府退回了申请。上面指出："做本州的土地官员需要有超常的智力和卓越的才能，你并不满足这些要求。"

又是无情的失败，在这种情况下，很多人也许会诅咒这个黑暗的世界，认为它对自己是如此不公平，让自己失败得一塌糊涂，一定会放弃追求。可是林肯却没有服输，他于1854年竞选参议员，又是失败；两年后竞选美国副总统提名，又被对手击败；过了两年，他再一次竞选参议员，结果还是失败。可是林肯无论如何也不会放弃自己的追求，一直主宰着自己的生活，终于于1860年当选为美国总统。

从这个故事中我们可以看到，林肯当年经历了无数的挫折，而且有些挫折对于他来说应该是致命的打击，不但让他债务缠身，还让他患上了精神衰弱症。林肯并没有因为挫折就觉得这个世界灰暗了，从此消极地对待人生，他越挫越勇，不管面临多少次失败，都会勇敢地走下去，直至最后被选为美国总统。我们不难看到林肯面临的境地是多么的灰暗，很多时候看不到一线希望，可是林肯的内心却充满着积极向上的阳光，在这种阳光的照耀下，他终于获得了成功，走到人生的最高峰。

塞尔玛陪伴着丈夫在一个沙漠的陆军基地驻扎着，丈夫奉命要到沙漠里学习，只能留她一个人待在陆军的小铁皮房子里，天气炎热得让人受不了，而她住的地方只有墨西哥人和印第安人，他们根本不会讲英语，所以，她也没有一个可以交流谈心的人。塞尔玛在这样的环境里感到非常难过，于是就给父母写信，说要丢开一切回家。

她在数日后接到父亲的回信，信里只有两行简短的字，她却把这两行短短的字牢记在心中，并使她的生活完全改变了。父亲给她写了什么呢？是这样的一句话："两个人从牢中的铁窗望出去，一个看到泥土，一个却看到了星星。"塞尔玛又重新读了这封信，感觉非常惭愧，她决定一定要在沙漠里找到星星。于是塞尔玛开始与当地人热情地交朋友，而他们的反应也让她感到非常惊喜。她对当地的陶器、纺织产生兴趣，那里的人们就把自己最喜欢却舍不得卖给观光客人的陶器和纺织品送给她。她还研究那些引人入迷的仙人掌和各种沙漠的植物，研究其他的物态，还学习了有关土拨鼠的知识。她会观看沙漠的日落，并寻找几百万年前这个曾经是海洋的沙漠留下来的海螺壳……这一切使曾经难以忍受的环境变成让人流连忘返、令人兴奋的奇景。

很多时候，我们可能会因为环境而使自己的心情受到不好的影响。可是，就像塞尔玛的父亲写给她的信中说的那样，"两个人从牢中的铁窗望出去，一个看到泥土，一个却看到了星星"。即便是我们所处的环境不是很好，只要从心态上改变自己，做一些力所能及的改变，在灰暗的世界里，我们同样也可以拥有一份灿烂的心情。

心晴的时候，雨也是晴；心雨的时候，晴也是雨，也就是说人们的心态决定着一切。积极的心态会带来积极的结果，当你拥有积极的心态时，就可以去控制环境，反之就会被环境所控制。我们在一生中，要不断地吸取周围的营养，为自己的生命之树施肥浇水，所以要不断调整自己的心态，使我们的生命之树始终处于生长期，让它枝繁叶茂、四季常青。一定要用欣赏的目光去看周围的朋友，多学习别人身上的优点，并要不断地充实自己，舍得为自己的大脑进行投资。相信这种投资是世界上最合算的投资，它将以十倍乃至百倍的价值回报你。

每一次挫折，都是通往成功的练习

　　人生在世总会有遇到挫折的时候，适度的挫折有一定的积极意义，能帮助人们把惰性驱走，促使人奋进。挫折也是一种考验和挑战，英国哲学家培根说过："超越自然的奇迹多是在对逆境的征服中出现的。"也有位哲人曾说："并非每一次不幸都是灾祸，逆境有时通常是一种幸运。"当我们面对挫折时，需要锲而不舍、再接再厉地勇往直前。

　　她在奥斯卡的颁奖舞台上侃侃而谈，用幽默而犀利的语言吸引着众人的视线。在3个小时的直播里，她让人们充满了无限激情。她就是美国著名脱口秀节目主持人艾伦·德杰尼勒斯。因为交不起学费，艾伦在大学一年级后被迫选择退学。她为了维持生计开始四处打工，曾做过饭店的女领班、服务员、酒保，还做过油漆工，卖过吸尘器。她有一天在下班回家的路上，看到一家咖啡馆要招聘脱口秀演员，于是很兴奋地前去应聘，并被幸运地录取。可是没过多久，因为观众的不认可，让她丢掉了这份工作。

妈妈看到因为丢了工作而十分沮丧的艾伦，便安慰她说："我曾经在一本书上看到，说每一次挫折都是一种成功，因为在这次挫折中，你会明白下一次怎么样会不重蹈覆辙。在经过日积月累后，挫折就会成为你成功的奠基石。"听了妈妈的话，艾伦觉得非常有道理，于是又重新鼓起勇气，找了一份她喜欢的脱口秀工作。

20世纪80年代，在艾伦的不懈努力和坚持下，她开始到美国各地的俱乐部演出脱口秀。当她有一天在电视上看到电视台要举办喜剧小品大赛的消息时，就毫不犹豫地报了名，她在这次大赛上，凭借精准的表演和机智的幽默一举夺魁，并赢得"全美最搞笑的人"的称号。艾伦的舞台也由此从俱乐部转移到电视台，从一个俱乐部的表演者一步步走进了喜剧演员的行列。在此之后，艾伦凭借丰富的知识面与富有特色的机智幽默，被美国很多著名的电视脱口秀节目邀请做主持人的搭档，并参演过一些电影。可是因为一直都是配角，这让她感到非常沮丧。

艾伦于1994年出演了以她命名的电视剧《艾伦》，这使她的戏剧才华得到观众的认可。她最终用自己的实力于2003年争取来一档以她的名字命名的脱口秀节目。一经播出，这个节目便得到了很好的收视率。艾伦已经获得14项奖，2013年福布斯全球100名人榜中，她排第10名，在历史上她也是唯一一位主持过奥斯卡奖、格莱美奖和艾美奖的主持人。

艾伦在她追求自己的理想中也会遇到许多挫折，面对挫折她也曾沮丧过，但在母亲的鼓励下，她又重新拾起勇气，勇敢地对面对挫折，让每一次挫折成为通向成功的垫脚石，从而获得一次又一次的成功。在每个人的一生中都会遇到挫折，如果把挫折当作绊脚石，就会退回原点，不但停止不前，反而让自己被困难所吞噬，有些人却把每一次挫折化作继续前进的动力，最终将会迈向成功的阶梯。

在65岁时，肯德基炸鸡连锁店的创始人桑德斯上校还身无分文、孑然一身，只能靠救济金生活。可是他的心头却浮出一份人人都曾喜欢的炸鸡秘方，他把自己的秘方说给餐馆，可是人家却不要，是于他便挨家挨户地游说。

他对每一家餐馆说，如果这个秘方被采用后，相信一定会使生意上档次，而他只希望能从中增加的营业额中得到分成。于是很多人会当面嘲笑他："老家伙，得了吧，如果有这么好的秘方，为什么你穿的衣服如此破旧？"

可是桑德斯并没有因为别人的嘲讽而打退堂鼓，也不会被自己问过的一家家餐馆拒绝而懊恼，仍然微笑地开着他的那辆破旧的老爷车，用更加有效的方法去说服下一家餐馆。在遭到第1009次拒绝后，他终于听到了一声"同意"。

1009次拒绝，这是一个多么大的数字！这就是成功的人士与那些消极处事者的区别，也是因为突破了这1009次的挫折，终于让65岁的桑德斯走向了人生的辉煌。人生在世不可能一直都春风得意，事事顺心，如果人生没有经历过失败，那样的人生也是不完整的。巴尔扎克说："挫折和不幸，是天才的晋身之阶，信徒的洗礼之水，能人的无价之宝，弱者的无底深渊。"当我们面对挫折时能够百折不挠，保持着一种恬淡平和的心境，应该是一种对人生彻悟的大度，每一次挫折也是通往成功的练习。

第七章
让赤橙黄绿青蓝紫充斥你的生活

　　人的一生是多彩的，它并不只包含着朝着理想的奋斗，对于一个人来说，家庭和婚姻同样重要。我们都知道彩虹是美丽的，它那美丽的色彩是多么让人向往！为何我们不能让生活像彩虹一样多姿多彩呢？所以多读书吧，相信你会每天与彩虹相伴！

不要因为得不到认可而放弃努力

　　我们每个人都在不停地向前走，为自己的目标不停地努力奋斗。有一些人虽然付出了很多，可是收获却很少，但他们不会因此而灰心，相信再次努力就不会输，于是加倍努力；有些人会抱怨自己付出的太多，却得不到别人的认可，而使自己灰心丧气。在生活中，每个人都在努力做着自己的事，但并不是每个人的努力都能得到周围人的认可，所以我们不能因为得不到别人的认可就放弃了自己的努力。

　　弗洛伦丝·查德威克在1950年成为第一个成功横渡英国吉利海峡的女性而闻名于世，她在两年后，又从卡德林那岛出发，游向加利福尼亚海滩，希望自己能再创一项前无古人的记录。

那天的海面迷漫着浓雾，海水也冰冷刺骨，她在游了漫长的16个小时之后，嘴唇已经冻得发紫，全身也因为筋疲力尽而感觉一阵阵地战栗，她向远方抬头望，只看见在自己的视野里雾霭茫茫，离陆地仿佛还十分遥远。她于是不禁想道："现在还看不到海岸，看来这次真无法游完全程了。"当她有了这样的念想，身体也立刻瘫软下来，甚至连划一下水的力气都没有了。

她对陪伴着她的小艇上的人说："把我拉上去吧！"

艇上的人鼓励她说："咬咬牙再坚持一下，只剩下一英里远了。"

"不要再骗我了，如果只剩下一英里，我应该能看到海岸了，把我拖上去，快！"

于是人们把浑身瑟瑟发抖的查德威克拖上了小艇。小艇开足马力向前驶去，可是就在她裹紧毛巾喝了一杯热汤的工夫，褐色的海岸线就从浓雾中显现出来了，甚至她能隐隐约约地听到海滩上等待着朝她欢呼的人群。此时，她才知道，艇上的人并没有骗她，她也的的确确距离成功只有一英里！她仰天长叹，懊悔自己没有咬咬牙再坚持下去。

查德威克是多么让人惋惜啊，她已经游了漫长的16小时，还差一英里，她就能实现自己的梦想，可是她却因为意志的消沉而失败了，于是所有的努力都白白地浪费了。如果她能坚持一会儿，也许在一项前无古人的记录中又会记下她的名字，可是她却把即将到手的成功抛弃了，当然就会得不到人们的关注。现实就是这样的残酷，不管你付出多大的努力，让人能关注到并不容易，你只有做出了成绩，让成绩实实在在地摆在那里，才能得到人们的认可。也许经历对于一个人来说有着非常深的印迹，可是在别人的心目中，很多情况下都是无用的。

查尔斯·舒尔茨是伟大的漫画家，他在小的时候，几乎能被所有的人认识，认为他是一位智力低下的学生，他也曾说过："从小到大，许多方面我都是非常失败的，简直一塌糊涂。"

小学时的他多门功课经常不及格，到了中学后，物理成绩甚至得了零分。在代数、英语以及拉丁语等科目上，他同样表现得都不好，就连体育也不好。他虽然参加了学校的高尔夫球队，但在唯一的一次重要赛季比赛中，他却输得目不忍睹。没有人不认为他在学校是糟糕透顶的，这也让他感觉到落寞、孤独，在他整个成长时期，人们很难在社交场合中看到他的人影。

他在少年时期也憧憬着美好的爱情，但当许多同龄人开始恋爱时，他却只能独自发愣，有一次当他鼓足勇气向一个女孩表达感情时，却在随后在废纸篓里发现了"爱情的碎片"。他已经成为人们眼中无可救药的失败者。可是这个无可救药的失败者却一直在坚持着做着一件事情——画画。

他对自己拥有不凡的绘画才能充满了自信，也为自己的作品深感自豪。可是他的那些作品除了他本人外，没有人能看得上眼。他上中学时，向毕业年刊的编辑提交过几幅漫画，可是却都没有被采纳。虽然经历了多次被退稿的痛苦，可是他仍然固执己见，决心成为一名职业漫画家。他在中学毕业那年向向当时的沃尔特·迪士尼公司写了一封自荐信。该公司让他将他的漫画作品送过去看看，并规定了漫画主题。他于是投入巨大的精力和大量的时间，将许多漫画一丝不苟地完成。可是寄出去的漫画作品却如石沉大海，他最终也没有被迪尼斯公司录用。

无数次的失败，让他感到生活似乎只有黑夜，在他走投无路之际，他尝试着用画笔对自己多舛的命运进行描绘，用漫画语言讲述了他那晦涩的童年、青年时光的不堪、屡遭退稿的所谓艺术家、一个没人注意的失败者。并在画中融入自己多年来对绘画的执着和追求以及对生活的独特体验。这样，连环漫画《花生》诞生了，并风靡全世界。一个名叫查理·布朗的小男孩从他的画笔下走出，他也是一名失败者，他从来没踢好过一场足球，他做的风筝从来没有飞起过，他一向被朋友们称为"木头脑袋"……他的成功是如此出人意料，他叫查尔斯·舒尔茨，一个蜚声国际的漫画大家。

从查尔斯·舒尔茨的成功经历中我们可以看到，不管你曾经付出过多少努力，别人可能不会看好你，但你自己一定要有自信心，相信自己有一天能行，当你的成果被别人认可后，成功也就握在了你的手中，你所有的努力也会被别人看在眼里。马云也曾说过："努力一定会有结果，只不过结果可能是好结果，可能是坏结果；但是即使是坏结果我们就问心无愧了，这次结果不好啊，下次呢，下下次呢？"所以，当你感觉自己的努力不被别人认可时，千万不能灰心，灰心就说明你自己认输了。

放下你的无效社交

人们置身于社会的不断变迁中，总会面临适应与发展的严峻挑战，而且在追求理想、从事工作的过程中难免会与各色人群产生交往。你的社交能力的强弱，会直接影响到事情发展的顺利与否。我们又该如何处理好自己所在的生活圈子呢？

小倩来到一个陌生的城市，她觉得自己太孤单，应该参加一些社交活动，结交一些朋友。由于平时工作并不是很紧张，所以在她能接触到的活动中能参加的就会去参加。她总把事情想得那么美好，感觉自己参加这些活动肯定能认识很多人，也能交到好朋友，可是现实却不像她想象的那样。在她第一次参加活动时，曾碰到两名女生，孤单的小倩看到两个人挺默契，也很想加入到她们里面，但是说过几句话后，感觉不论是专业还是交往的圈子，她和她们根本谈不到一块儿去。这样，小倩只有眼巴巴地在一边看着人家在一起无话不谈，而自己也只有羡慕的份儿了。

第二次小倩又参加了一个讲座，她在这次讲座里也碰到几个女生，也希望能与她们成为朋友，可是小倩感觉自己的交往能力太差，无法跟她们之间的任何一位说得上话，这让小倩又一次感到失望。因为小倩刚毕业不久，所以对男性一直保持着距离，从不敢与男性多说话，所以在这个交际的圈子里，小倩感觉自己成了一个多余的人，于是她不太热衷于参加那些交际活动了。在周末的时候，她便一个人在家里看看书，做些自己能做的事，这样就不会让自己再失落，再陷入尴尬的境地了。

小倩遇到的这种情形，许多将踏入社会的年轻人也会经常遇到，他们总是跃跃欲试，可却总是事与愿违。许多年轻人认为，应该多参加一些社交来拓展自己的人际关系。其实在很多情况下，社交的作用并没有我们想象的那么大，人和人之间有时会因为缘分浅，见过一次面后，与陌生人毫无差别，即使是彼此留下电话，但在需要的时候，还是起不到作用。我们有时会发现，参加一个聚会竟会无话可说，甚至连做什么都不知道，因为这样的群体根本不属于你。所以当你感觉自己不够强大，不够优秀时，最好不要花太多宝贵的时间去参加那些社交活动，倒不如花点时间读读书，来提升一下自己的素养。只有拥有渊博的学识，才能在人际交往中得到对方的信任和尊重，从而树立良好的形象。

人们说一分耕耘一分收获，你的真诚和热情也会换来别人的倾心相助。我们总会生活在一个圈子里，如果你感觉自己对一些事态无所应对，就应该放弃那些无效的社交，多用些时间来提升自己。

读书对于一个人来说，永远是进行时

《庄子·养生主》中说："吾生也有涯，而知也无涯。"一个人的文化素养的提高，文化功底的积累，都来自于读书。读书对人们的影响是潜移默化的，它会对你的思维方式产生影响，改变你的说话习惯，让你遇到更好的人，最重要的是它会使你培养一种非常重要的东西——眼光。所以我们的生命需要用知识不断地来滋养，读书对于我们来说也永远是进行时。

小辛在18岁那年，中专刚毕业，也与其他同学一样在医院实习并专心等待安排工作，可是却听到学校对四年制班级不再予以分配的噩耗。由于不能进入医院，私人诊所的工资又很低，小辛也只能放下专业，到一家通信公司做了一名营业员。

对于不得志的人生，人们的态度无非是两种：抗争与顺应。小辛当然在心里憋着一口气，感觉自己没有得到想要的生活，所以她决定参加高考。在通信公司里任务重，工作节奏快，小辛为完成任务每天忙得团团转，常常感觉自己下班后连说话的力气都没有了。但她却没有放弃学习，回到自己租住的屋子，就着白开水匆匆吃下从路上买来的包子，就开始伏在桌子上学习。在狭窄的房间里，深夜的灯光非常昏暗，就在这样的灯光下，她日复一日地学习着，酷暑难耐，就将双脚泡在水盆时，寒冬则捂着三层薄被，但她仍然坚持学习。

小辛已经把书本翻过五遍，可还是觉得时间过得飞快，因为不久就要高考了。她在考试那天与很多学生坐在教室里一起答题，在两天的时间里，将自己四年中专加一年的自学知识累积都倾注到五张试卷里。经历过两个月的忐忑等待后，最终小辛拿到了山东医科大学的录取通知书。当拿到通知书时，小辛高兴得手舞足蹈，她的努力没有白费。

进入大学后，小辛成为班里最努力的学生。她坚持把老师每天布置的作业都完成；早晨六点她就起来了，到偏僻的地方抱着英语单词书朗读；空出来的时间大多会泡在图书馆中看书，把每天回来的时间卡在熄灯前的半小时。虽然小辛如此努力，可是大学毕业后也没有在实习的医院留下，一是医院只有几个有限的名额，另外就是学校里的优秀学生太多了。

后来小辛在一次面试中，凭借着出彩的口语以及扎实的专业知识被外地的一家医院录取。医院的生活很忙碌，她除了工作，其他的时间基本上都被医院的各种考试考核填满。与她一起进来的同学怨声载道，很快，她们都把仅有的所剩无几的时间都用在了恋爱上，而小辛却默默地捧着书本，为在职考研做准备。

研究生毕业的那天，小辛拿出自己平日积攒的休假去了青岛。从小她就喜欢大海，她想在此时犒赏一下自己。在这三年的工作里，小辛凭借着过硬的专业素质从小儿外科的普通护士调到小儿内科做护士长，她还在这一年结婚，并有了宝宝。一年后，小辛又转到ICU监护室，又过了两年，她成为医院里最年轻的护理部副主任。

1995年，小赵考上大学，由于成绩一般，他没有被自己喜欢的外语专业录取，而是被兜底的政治教育专业收留。因为心灰意冷，所以他让自己像一匹脱缰的野马一样放纵，但不是在学业的天地里驰骋，而是撒欢在风花雪月般的生活中。四年的大学生活，他没经历过雪雨风霜，而是一路上到处欣赏着花香鸟语。于是在城市广场的绿地上、漫山遍野的绿树下、电影院里、美丽的海滨边，处处都留下了他的身影，却与本该朝夕相处的课堂成为陌路。凭着他的一点小聪明，不仅能在考试中轻松过关，而且文化课的成绩也能稳占前几位，这让他窃喜，感觉临阵磨枪的威力竟能无往不利地横扫那些整天捧着书本的"眼镜"和学究们。他由此引以为荣，也变本加厉。

但他在生活的最紧要关口受到了生活的惩罚，在毕业后寻找工作单位时，他的外强中干在此时露馅了，在一次次试讲中受到挫败，而那些平时古板的学究们却能凭着扎实的功底轻松闯关。这时小赵才意识到，没有什么比生活更加公正了，它的慷慨大方不是无原则的，而是看你付出了多少。面对这样的失败，他认为绝不能自怨自艾，决定另辟蹊径，找一个只需要热情，而不需要知识的地方，于是他选择了军营。可是进入军营后他感觉自己的想法是错误的，因为军营里也不会给不学无术的人提供一点机会。

此时，他才意识到，自己的青春因为贪玩而沾染了灰尘，也只能用双手沾上汗水才能把灰尘拭去，让青春重放光彩。于是他便试着握起生疏的笔练习写作，并不断地通过看书来充实自己，从命题作文的不及格到"小豆腐块"见诸报端，从见人退避三舍到洋洋洒洒地当众主持、演讲，他不断地提升自己，渐渐地把自己由对业务知识一无所知变成被大家认可的行家能手。

小赵由自作聪明到被生活惩戒后的自我认知，让我们看到，不管在哪里，生活都绝不允许不学无术。只有通过不断的学习、不断的充实，才能让自己变得富有，而成为某一领域的行家能手。如今是互联网时代，也是知识大爆炸的时代，你需要不断地为自己"充电"，如比尔·盖茨每年都至少要有两次闭关读书。如果没有读书教给你智慧和统观全局的眼光、预测未来的敏感，在这个信息快捷的时代，迟早都会被淘汰！正像杨绛先生说的，你所有的困惑都是因为书读得太少，却想得太多。所以必须要不停地读书，从而为自己构建一个美好的未来储备充足的力量。

读书一定会让你富有

每个人都希望自己有丰富的阅历，有随意可以调用的信息与知识资源，有任意选用的词汇，有新鲜的文字表达和幽默的语言表达，有说不完的有趣话语……如果你想拥有这样一个丰富的精神世界，就必须要借助"读书"这个途径。

在美国金融界的大亨多是犹太人，他们不但影响着美国政府，也影响着全世界。让我们看看犹太人是如何读书的。据说，当犹太人出生时，父母就把书本抹上蜂蜜，放在孩子的床头当玩具。当孩子摸书时，不停地将手指头放到嘴里，感觉原来书竟如此的甜！读书甜甜的概念就这样深深地烙印在孩子的头脑中，这也让犹太人成为世界上每年阅读量最大的民族，他们的智慧在世界也是首屈一指的。亚洲首富李嘉诚先生也曾说过："读书虽然不能给我们带来更多的财富，但它可以给我们带来更多的机会。"

在五岁时，李嘉诚已经开始读书，他在每天放学回到家后，便悄悄地飞进他的小书房。他平时一有时间就躲在这里，如饥似渴地读书。因为他太爱看书了，读书也非常刻苦，甚至在夜里点着油灯读书，很晚都不肯去睡。书看得越多，他就越感觉到自己的知识贫乏，越是如饥似渴、废寝忘食地学习。谈到读书，李嘉诚说："我喜欢看书，什么书都看，这对我都有用，今天有用，明天也有用。所以，很多大事来的时候，我也能解决。"

在抗战期间，香港被日军侵占，李嘉诚也度过了他这一生中最艰难的岁月。他身为长子，在父亲去世后他孤身一人留在香港赚钱，来维持在家乡的母亲和弟弟妹妹的生活。他把这三年八个月称为"一生之中最重要的岁月"。就像他自己说的那样："我现在仅有的很少学问，都是在这期间得来的。当时工作清闲时，同事们爱抱团打麻雀，而我捧一本《辞海》，一本老师用的教本便自修起来，书看完卖掉再买新书。"在别人看来，读书是求学问，而李嘉诚却笑称自己是"抢学问"，他把古圣贤书争分夺秒地一笔一笔地抄写在旧报纸上，以加深记忆。

李嘉诚习惯在睡前看书，如果看到精彩之处时，就舍不得放下，继续看下去，直到读完文章才肯关灯休息。他说："直到今天，没有一天不看书，除了小说，文、史、哲、科技、经济方面的书都有读，我从不间断读新科技、新知识的书籍，不至因为不了解新讯息而和时代潮流脱节。"

可以说，李嘉诚能取得如此非同凡响的成就，应该是与他孜孜不倦地读书分不开的。当然，不可能每个人都成为李嘉诚，但读书确能让人有所改变，不管它是否能让你变得有钱，但肯定能为你带来富有，这种富有也是你一生中用之不尽的宝贵资源。

比尔·盖茨从小就是一个精力十分旺盛、非常好动的孩子。母亲在他出生后，就放弃了老师的工作，全心全意地教育孩子、操持家务。她与儿子一起读书、做游戏，开发他的智力。在这个家族里，所有的人都非常重视小盖茨的智力培养和开发。他们对未来十分清楚，那是一个充满智力竞争的世界，人的悟性和思维素质是第一重要的。外祖母告诫盖茨要多读书，并应该在各个方面全面发展。她经常给盖茨提出一些棘手的问题，以开导他的心智，他们常在一起游戏，尤其会玩一些思维敏捷、注意力集中的游戏，所以从小盖茨就显得与众不同。

在闲暇时，盖茨的母亲会从事一些社区自愿服务工作，为西雅图历史和发展博物馆做讲解员就是其工作之一，工作内容包括到各所地方学校为学生讲解本地区的历史和文化。盖茨当时只有三四岁，当母亲在学校里为学生们讲课时，他总会在前侧的桌子边坐着。虽然他是一个好动的孩子，可是在课堂上却表现得比其他的学生更专注，目不转睛地盯着母亲，听她讲课。

盖茨酷爱读书，他在7岁时最喜欢读《世界图书百科全书》，经常会连续读几个小时。盖茨的父亲藏书丰富，内容涉及法律、历史、商贸、电子等，盖茨就成天泡在书堆里，读书为他开启了通向理智世界的大门，为他日后的以观念制胜的事业打下了坚实的基础，直到成功后，他仍把读书当作自己最大的爱好。

退出江湖后的盖茨仍然喜爱读书，他已经把阅读当作生活中的一部分。2013年，比尔·盖茨一共读了139本书，他每读完一本书，就会在博客"The Gates Notes"上贴出封面图片，并会尽可能撰写短语。遇到心仪的书，也会专门写一篇长篇书评。由此可见，比尔·盖茨的伟大创新和首富地位也绝不会是偶然的结果。

读书使人明智，这也是古来那些读书人总结出来的经验。由此看来，我们古代流传的那句古语——"书中自有黄金屋，书中自有颜如玉"应该不是凭空捏造的。

也许读书没有办法让你发财，无法给予你想要的一切，但它却能让你变得更有智慧，心智变得更加成熟。如果一个人不读书，就会发现自己的内心荒芜一片，使你更不能得到自己想要的一切，拒绝阅读应该是心灵的癌症！培根说："读史使人明智，读诗使人灵秀，数学使人周密，科学使人深刻，伦理学使人庄重，逻辑修辞之学使人善辩，凡有所学，皆成性格。""开卷有益"，那就多读书吧，就能让富有紧紧地跟随你。

有些爱，你要学会遗忘

人们都知道相爱容易，分别难，我们也许可以用一秒钟的时间去认识一个人，也可以用一分钟的时间去爱一个人，可是却必须用一辈子的时间去忘掉一个人，可见，忘记一个人是多么不容易。可是当彼此之间缘断情未了时，忘掉应该是一个最好的解决方法。所以说世界上只有两种称之为浪漫的情，一种叫相濡以沫，一种叫相忘于江湖。

如果真的爱，就应该懂得珍惜彼此，在无法爱的时候，要知道放手。该珍惜的时候，好好去爱，该放手时，也真诚地祝福对方。真正的爱情并不一定是他人眼中的完美匹配，或是相爱的人彼此心灵的相互契合，而是为了让对方生活得更美好而默默奉献，让这份爱不仅使彼此之间感受着温润的气息，同样也为周围的人有所祝福。人们常说，不被祝福的婚姻是不美满的，虽然这不是一个定律，但在很多情况下，在不被祝福的婚姻中得到了验证。

当你爱了就不要说什么后悔，不要去计较曾经的伤害有多深，很多事忘了也就等于把伤给疗好了，给自己一点时间，把曾经的一切轻轻地搁置到一旁，给彼此一个解脱，相信在不远的地方，应该有一处属于自己的风景。

人生得靠自己成全

对于人生来说，爱情是美好的，但当彼此把手中的爱放开后，会因为失恋而在很长一段时间里感到悲伤、绝望、痛苦，甚至许多人会陷入这种心境中不能自拔。面对这样的状况，我们应该如何尽快走出这种阴影？那就要看你如何调整你自己，如何正确地看待人生，坚持自己做人的原则和存在的价值了。

记得在天津卫视的《爱情保卫战》中看到这样的一个故事：

男孩是一位从农村里走出来的孩子，家境很贫寒。他有一位朋友，这位朋友有一个妹妹，她是一个非常善良、纯真的女孩。于是这位男孩通过这位朋友认识了朋友的妹妹，由于对彼此的印象不错，所以两个人很快就确立了男女朋友关系。

　　为了能把日子过得更好些，不甘在农村待下去的男孩想出去打工、挣钱，女孩非常慷慨地把自己打工挣的2万元拿给男孩，让他拿着这些钱外出打工。男孩出去后，女孩一直在家里等着男孩，并且把男孩的父母当作自己的父母照顾，女孩的善良也赢得了男孩家人的认可。

　　男孩来到一个城市后，在一家公司里遇到另一位女孩，男孩的做事踏实、吃苦耐劳赢得了女孩的爱慕，她感觉这个男孩能做出一番事业，于是借给男孩5万元让他自己创业。男孩也不负女孩的期望，很快就把自己的小店开了起来。虽然男孩的事业有了起色，可是在感情方面却来了大难题。他一直没有告诉女孩在老家还有一位姑娘等着他，而是一直对这位女孩说自己深爱着她，直到有一天，女孩在男孩的电话中看到在农村的那个女孩的电话时，才对男孩感情的事有所了解，于是就逼迫着男孩与家里的那位女孩快点分手，要不他们两个就要断绝关系。

　　可是与家里的女孩分手又谈何容易，不用说那个女孩不愿意，自己的父母也不赞成他们分手，因为自从男孩外出打工后很少回家，那位女孩对男孩的父母给予了无微不至的爱，而且在两家的亲朋好友看来，他们已经是一家人了。也是在这样的处境下，男孩和两位女孩一起来到了《爱情保卫战》。

　　在节目的录制期间，两个女孩都哭得非常伤心，谁也舍不

下这段自己认为非常美好的感情。在他们把交往的经过做了一番
陈述后，爱情导师们的一致观点是这个男孩的心机太重，对两个
女孩都不负责，让她们受到了伤害。经过爱情导师们对他们三个
人境况的分析，男孩在城市里认识的那位女孩，开始变得豁然开
朗，她很潇洒地与男孩做了告别，走下了舞台，这也让全场嘉宾
为她鼓起了掌。那个农村的女孩，虽然看上去有些难以割舍，可
是在痛苦地流过泪后，也与这位男孩做了告别。

有时候爱情可能真的会很伤人，就像前面提到的那两个女
孩，她们都被那个自私而有心机的男孩伤害了，让她们在感情方
面都成为失败者。可是从另一个方面来说，她们放弃这位男孩其
实是对自己的一种成全，因为这样的男孩根本不值得为他付出真
情，只要你是善良的人，在茫茫人海中总有一个人，会与你真诚
相待，相守终生。所以，失恋并不代表着这个世界就完了，生命
总是一直向前走的，相信前方一定有属于你的风景。

1827年秋天，达尔文认识了范妮，他当时从爱丁堡医学院
退学，准备第二年年初去剑桥大学上学，其间有几个月的空闲，
用他钟爱的狩猎打发时间。范妮的父亲欧文拥有一大片充满猎物
的林地，吸引着达尔文频繁拜访，当然范妮也成为他的猎物，或
者达尔文也是范妮的猎物，两个相爱的人经常一起骑马在森林里
打猎，达尔文还手把手地教范妮开枪，如此开放的年轻女孩在

简·奥斯汀的时代很难见到，范妮也激发了达尔文一生中最大的激情。

1832年4月5日，达尔文收到第一批来自英国的信件，他的姐姐在信中告诉达尔文，在年初时，范妮与一名富裕的政客丝度尔订婚，并于3月份结婚。听到这样的消息，达尔文的心碎了。直到1838年，年近而立之年的达尔文才认真开始考虑是否结婚。

1839年1月29日，达尔文和爱玛举行了婚礼，这个婚姻完全是理性选择的结果，虽然功利，毫无浪漫、激情可言，但却是一个持续一生的美满婚姻，如果没有这样的婚姻，达尔文也不会取得那么丰硕的学术成果。达尔文也曾被他的姐姐告知，范妮的丈夫是一个极其自私的怪人，所以她的婚姻生活非常悲惨。范妮曾经轻佻地向她们打听达尔文的情况，但是一切已经太迟，达尔文还是过着属于自己的美满日子。

在当初达尔文失恋时，他是多么痛苦，曾经的浪漫与激情让他无法忘记，可是他却用了时间来给自己疗伤，而后理性地选择自己的美满婚姻，他也真的找到了。时间是医治心灵创伤的良药，再过5年、10年……你会发现你们之间曾经轰轰烈烈的爱情，已经成为各自生活中很平淡的一页。我们就可以回头对岁月说：谢谢，我庆幸那次失恋。真的别那么伤心，那个真正给我们幸福的人，正在不远的前方等待我们。

爱情的故事还要续写

爱情是婚姻的开始，从此两个人要携手将婚姻进行到底，从不习惯到习惯，从不适应到适应，从不牵手到牵手，直到把自己改造，共同走过平凡、单调、漫长的岁月，一起相处、相依、相助、相靠地伴随着婚姻，二人一起慢慢变老。

下面听一听两位前辈相守到老的爱情故事。

我与老伴牵手已整整走过43年的沧桑岁月，时光为我们酿制了一坛又香又醇的陈年美酒。

我俩是老三届的高中同学，她比我高一届。1968年，我们来到农村接受贫下中农再教育。我俩住在一户老乡家，另起炉灶，同吃、同住、同劳动。不知者还以为我们是一对夫妻。该村有一个不成文的规定，无论上午还是下午，媳妇都提前一小时收工回家烧饭。我们也不例外，常常是她先回去烧饭。有一天吃午饭时她突然对我说："我天天为你烧饭，都成了你媳妇了。"突如其来的一句话，让我的脸羞得像秋天的红苹果，腼腆得说不出话来。心里却甜滋滋的，心想如果真是我媳妇就好了。

有一天她突然病了，在床上躺了好几天，我步行十几里地到公社医院为她请医生。下工后则为她送汤熬药，给她做好吃的。晚上陪她聊天，讲笑话给她听，让她精神愉悦，病好得快些。在我的精心护理下第三天她就痊愈了。这年底我当了该村的党支部书记，她也成了一名"赤脚教师"。1969年，县委、县政府要我村安置500个浙江移民，由于我刚出校门，没有经验，感到压力很大，每天都是披星戴月、夜以继日地工作。既要动员当地村民为移民调田、搭临时住棚、送菜送生活用品，还要安抚移民，每天都是忙得团团转，很晚才能回来，每当我到家里，都能看到她在煤油灯下看书等我。

有一天我深夜两点多钟才回来，看她房里还有灯光，就推门进去，问她："怎么还没睡？""等你呗！你就不能早点回来，让人担心死了！"她嗔怪着训我说。我听得出她语气中的担心和急切，让我感觉比吃了蜜还甜。既然命运把我俩连在一起，本就应该相依为命。于是我试探着问："我准备在农村干一辈子，你愿意吗？""愿意！"她不假思索地回答。于是我又鼓足勇气问：

"我爱你，你爱我吗？""爱！"她回答得很爽快。于是我再也

控制不住像河水般奔放的感情，把她紧紧搂在怀里，两颗心紧贴

在一起，彼此都能听到对方的心在激烈地跳动。没过俩月我们两

副铺盖一合就算正式结婚了。在那样的岁月里，既没举办婚礼，

也无亲友参加，连她父母都不知道。

　　1971年，我调到公社中学当校长，她也调到公社完小执教。

1974年，我们已有两个小孩，组织上考虑我还不是国家干部，安

排我到九江师范学习两年。由于我不能带薪学习，一家四口的生

计全靠妻子一点微薄的工分收入，异常艰难。更重要的是妻子既

要上课又要照看两个幼儿，还要砍柴种菜太辛苦了，我担心她

吃不消，打算放弃这次学习机会。妻子好像看出了我的心事，

劝我说："你就放心去吧，家里的事你甭管。"妻子的话让我吃

了秤砣铁了心。

　　虽口头答应，心里老放心不下。每次妻子抱着孩子目送我

离家，看到她那憔悴的脸庞和期盼的眼神我就心如刀割，无限

愧疚。到校后我立即给她写了一封信，表达了我的愧疚和感激：

"又当保姆又执教，砍柴种菜忒辛劳。送夫读书甘奉献，千斤

重担一人挑。只怨丈夫太无能，害得妻子累弯腰。生活艰辛无

怨言，困难重重苦煎熬。"妻收到信后马上回信安慰我："吾夫

不必太忧伤，千斤重担妻承当。只盼夫君有出息，媳妇累死也心甘。"两年时间我度日如年，每时每刻都在惦记妻子和孩子。毕业后我当了一名乡官，两年后我调到城里工作，妻也调到县二中执教。

1983年，妻在江西师大音乐系进修，当她听说组织上安排我到江西行政管理干部学院学习两年时，主动放弃了进修，把学习机会让给了我。事后同事问她怎么没进修完就提前回来了？她笑了笑，说："甘蔗没有两头甜，宁可亏我不可亏他。"我听后既感慨万千，又觉得亏欠妻子太多。回到学院我给她写了一封信赞美她："风风雨雨十几年，几分坎坷几分甜。相濡以沫度岁月，生活艰辛无怨言。无私无悔乐奉献，任劳任怨心坦然。勤俭持家好内助，相夫教子堪称贤。"妻子收到我的信后又立即回了我一封信："风雨同舟十几年，患难与共把手牵。相濡以沫度岁月，恩爱夫妻一生甜。夫君不必太愧疚，妻作奉献理当然。区区小事何挂齿，历尽坎坷月更圆。"在省里学习这两年，她白天要上课，晚上要改作业，还要辅导孩子学习，真苦了她。在以后的岁月，她成了一名高级教师，我成了一名处级干部。

从在这个故事中，两位前辈从恋爱开始，就有着心与心的默契，有了这种默契，两个相爱的人走到了一起。他们并肩作战，共同克服生活中的困难，一起酿成了岁月的美酒，让人生品足了甘甜。"想和你一起慢慢变老/什么山盟海誓都不要/不管岁月多寂寥世界变幻了多少/只有我们真心拥抱/想和你一起慢慢变老/我的心事只让你知道/无论相伴在天涯还是遥远的海角/但求一个永远就好/亲爱的你知不知道/我是真的爱你/每一天分分秒秒/用尽这一生到老……"这是多么让人感动的歌曲,它充满了浪漫与甜蜜,在一份温情的关爱中,诠释着爱情的真谛,不需要山盟海誓,只需要一份彼此的真诚。

第八章
从今天起，愿你成为一个有趣的人

　　一个人最糟糕的处境不是贫穷，不是病痛，而是他渐渐被生活折磨成了一个无趣的人，自己却浑然不知。人们都知道快乐是一种情趣、一种心态、一种积极向上的姿态。做个积极、快乐的人，也让别人因为你的快乐而快乐。

有趣，盖过其他一切才情

你是否感觉到在生活中充满了各种各样的问题：你不再热衷
于朋友聚会，与朋友渐行渐远；同事们不喜欢跟你一起做Case；
尽管你很努力地工作，可是却怎么也无法从上司那里得到表扬；
你的恋人也正在以"忙"为借口远离你而去。所以你会觉得心里
烦闷无比，压力也无比的大，却找不到排解的方法……

其实，之所以造成这一切，是因为你缺少了情趣，也就说
是说你的情商不够高。要知道，对于一个人来说，情商是不可缺
少的生存能力和技巧，它体现着你发掘内在潜能、运用情感的能
力，对你生活的各个方面都会产生很大的影响，有了它，你其他
各方面的才情才能得到更好的发挥。

　　小青是一个情商很高的女孩，她经常带着微笑，把什么事儿都看得很淡。她从来不爱出风头，也不争也不抢，她看上去文静恬淡，与班里每一位同学的关系都不错。甚至一些在课上经常被忽略的人，或者特别难搞的人，与她也有不错的私交。她做起事来非常坚决，不管有没有布置作业，也不管风吹雨打，她总会每天早上9点准时到达图书馆，下午5点回家。

　　在学期结束后，她的成绩是全班第一，也使得教授们都非常喜欢她。当面临毕业时，许多人还在为毕业论文苦恼，她已经通过了工作面试，为自己寻得一份好工作。她的情商不但体现在她能把自己的生活打理得很有条不紊，让自己活得非常从容、洒脱。更难得的是，无论她取得多少成绩，如何地领先别人，身边总有为她真心祝福、诚心为她高兴的人。

　　这个女孩子是多么令人羡慕啊，她每天都微笑着，她能与人友好相处，也能妥善处理好自己的生活。她不是那种不食人间烟火的人，也过正常的生活，甚至会做正常人做不到的事情。但不管做什么，她都可以活得十分潇洒自若，在这类人看来，生活处处充满着正能量。

　　小萍在银行里工作，她的家庭环境很好，但却选择了一位出身农村的男孩作为终身伴侣，后来两个人结了婚。这个男孩非常有才气，能写一手好毛笔字，但是家里的弟弟和妹妹都需要他照顾。小萍作为妻子，她不但很孝敬公婆，也爱护弟弟妹妹。当小叔子想开饭店时，小萍就拿出家里的积蓄支持他；他娶妻生子，小萍也为他费力操劳。小姑子上学，事事也由小萍出面。

在小萍看来，自己并非是救世主，而是尽了自己应尽的职责。在很多时候，农村和城市的观念有差异，小萍也不会用城市的标准来要求农村的小叔子和小姑子，凡是涉及家庭的里里外外事务，她都处理得让人满意。她给周围人的感觉是像薛宝钗一样的大方得体，面面俱到，但要比薛宝钗更真诚。因为有时候，薛宝钗做事是为了场面，而小萍做事却是发自于内心，对人真诚，为人大气，有量度。

从小萍的为人处事中我们不难看到，如果你的情商高，就容易处理好周围的关系。不但会处处以诚相待，而且处处体现着宽容。你不会去计较个人的得失，而是感觉自己的付出是一份责任，处理事情也能面面俱到。这样的人的性情如玉一般温润、清雅，也深受周围人的喜爱。

秋花是一位职业女性，作为已婚的女人，她上要照顾老，下要照顾小，而且大部分的时间还要在外奔波，她不仅能做到把家里打理得井井有条，而且也是单位中的业务骨干。有了她，丈夫完全没有后顾之忧，家里装修房子，家庭的资产理财，这些都无须丈夫操心。在她丈夫的眼里，秋花是一位非常踏实、可靠的妻子。他曾对身旁的人说过，这一辈子最大的幸运就是娶了秋花。

在她的身上有一种安静的力量，而且能力也过人，所以不管你把什么事托付给她，都没有后顾之忧。由于她的眼光很不错，同事们在投资理财方面总向秋花请教，而且她逻辑思维能力很强，说起话来清晰有条理，几句话就容易把话说透，所以大家也都喜欢与秋花交流。

一个情商高的人，她不但能处理好家庭的关系，而且在职场上也能叱咤风云，他们更容易获得事业的成功和家庭的幸福，也会让周围的人如沐春风，愿意与其交流，他们总如兰花一般散发着淡雅的魅力。看了这么多情商高的人的事例，也许你也想让自己拥有高情商，那就先让自己的心态变得阳光，这样的心态会让你变得平和，不以物喜，不以己悲，而是尽显性格的沉稳；也会让你变得理智，让你喜怒哀乐不形于色，尽显思想的成熟；也会让你变得无比智慧，在为人处事的过程中左右逢源，尽显人格的光辉。

也许你拥有超高的技能，但如果你目无一切地恃才傲物，那么你会越来越远离自己生活的圈子，你超高的技能也会因此而变得黯然失色。但情商高的人却不这样，因为他们拥有过人的心理素质，不但可以拥有完整的规划，而且能较强地控制好自己的情绪。他们可以做自己情绪的主人，虽然外表看上去柔弱，却有着坚强的内心，明白如何在琐碎的生活中寻找快乐，如何在烦冗的社会中对自我进行坚守，也会知道如何在自己的人际交往中游刃有余，怎么才能在激烈的竞争中脱颖而出。对于情商高的人来说，即使遇到不幸和挫折，他们也能保持坚强，面对突发的事件也会沉着应对。纵观历史，我们可以发现很多天才、怪才都被时代所淹没，只有那些拥有高情商的人才，才会在历史中留下深深的足迹。

不要在二三十岁的年纪活出八十岁的沧桑

人们不希望自己过早地就老去，可是在生活的各种压力下，似乎让我们早早就经历了各种沧桑，满脸的皱纹不说，不到30岁就满头华发。面对这样的情况，生理上的衰老是我们不可避免的，但我们却能改变生活方式和心态，让自己不至于在二三十岁的年纪活出八十岁的沧桑。

小月结婚将近10年，在这10年里，她也走了一条充满坎坷的路。蓦然回首时，她总表现出一种经历后的淡然，但每当看到岁月在她的脸上刻下的痕迹时，她的心里就很不是滋味。她是那种天性单纯、孩子气十足的人。每当翻看自己十年前照的婚纱照，就想着：十年后的今天，如果我再照一次，是否还与从前那样美丽呢？更何况再过10年，想保留住这份美丽可能也不容易了，于是她便央求着丈夫与她一起再照一回婚纱照。丈夫并不同意小月的想法，说什么也不肯，这让小月心里有些不舒服，她知道可能丈夫一时无法接受小月的想法，才不同意，而且她知道丈夫是一个非常固执的人，他认准的事也是不容易改变的。这并不能阻止小月照艺术照的决心，于是自己一个人跑到了曾经照婚纱照的照相馆里。

平时小月从来不喜欢化妆，她之所以选择照艺术照是想通过化妆的办法，遮一遮自己被岁月留下的痕迹，为自己留一份美丽的回忆。其实小月还真是一位挺漂亮的少妇，不但面容姣好，虽然孩子已经七八岁了，但身段一直保持得很好。所以摄影与化妆为一体的女老板禁不住边给小月化妆边说："离上一次给你化妆已经10年了，没想到你竟没有太大的变化。"小月笑了笑说："看那脸上的皱纹，要再不用浓妆遮一下，再过几年，想遮也遮不住了。"女老板笑了笑说："你的心态还真难得。"小月说："我觉得凡事都应该看得开吧，也许很多东西我们无法保留，但可以为它保留一份美丽；人的生理上的衰老是我们无法改变的，可是我们可以保持一个平常的心态，我们也会因为这样的心态而感觉自己还年轻。""是啊，你说得太有道理了，也难怪大家都说你是才女呢。"女老板有些佩服地说。

　　小月笑了笑说："没，我就是对什么事能看得开。"其实也真是这样，小月生活在一个小镇上，虽然身在农村，家庭生活也不是很富足，可是她仍然能活出一份洒脱。她平时喜欢看书，只要自己能挤得出时间，就随手从身边拿一本书安安静静地打开看。当感觉自己对生活有所体悟时，就会拿起笔写一写，所以在她的博客和空间里记录着满满的生活，每当看到这些文字，她的心里就会有说不出的喜悦。她不会计较什么高档或别有品位的生活，就在这种简单的生活中，保持着一份属于自己的心情，也是非常好的。在她看来，每个人都有属于自己的生活态度，她对自己的现状还是很满足的。

　　老板给小月化完妆，给她换了几套礼服，并着实为她打扮一番，用心指挥着她摆姿势。老板很会捕捉镜头，照完，她满意地看着一张又一张的照片，并笑着对小月说："你看这像你吗？"小月笑了笑，看看里面被浓妆掩饰下的自己，依然美丽年轻，心里还是有点乐滋滋的。拍完照片，小月又从化妆镜里留恋地看了看自己，去了卫生间，把妆洗掉。她想着："反正一份美丽已给自己留住，剩下的时间也只能交给岁月，让岁月自行处理吧。我还是本来的自己，一定还会把笑容漾在脸上，不管明天是否会苍老。"

　　在小月的身上，我们看到了一份从容、一份豁达，她不会因为生活的平淡甚至坎坷而被生活压得痛苦不堪，仍然微笑着面对生活。当感觉岁月在自己脸上留下痕迹时，就会想着去拍一些艺术照，让浓妆为自己遮住岁月的痕迹，从而为自己留下一份美丽。当这份美丽留在相片中后，她又把化的浓妆洗掉，仍然做回自己，就不会再惧怕岁月让她变得苍老，并要把笑容荡漾在脸上。所以很多情况下，人们活的是一份心情，这种心情会让你豁达地对待生活，从而让你活得真实而洒脱。

在一艘前往英国的航船上，突然在途中遭到暴风雨的袭击，船上很多人都变得惊慌失措，只有一位老太太非常镇定地做祷告，那安详的眼神让人感觉似乎什么都没发生。有人不解就十分好奇地问老太太："为什么你一点都不害怕呢？"

老太太仍然很平静地说："我曾经有两个女儿，我的大女儿戴安娜已经身在天堂，而小女儿玛利亚就住在英国。刚才起大风浪时，我就向上帝祷告：如果接我去天堂，我就去看看戴安娜；如果留我在船上，我就去看玛丽亚。不管去那儿，我都可以和我心爱的女儿在一起，我怎么会害怕呢？"

多么幽默的回答啊！从这句回答里，我们看到老太太的那种积极乐观的心态。在她看来，生与死只是一念之间，不管是生还是死，她都能见到自己最亲的人，也正是因为有了这样的心理安慰，当大家面对大风浪不知所措时，老太太才能表现得异常平静。所以，当我们面对危险时，并不是一无所处的，只要有了正确应对的心态，一切困难也就变成纸老虎了。

人们都知道快乐是一种情趣、一种心态、一种积极向上的姿态。做个积极快乐的人，就会对生活充满热情和自信，不管经受失败还是遭遇挫折，都能露出微笑。此时，心也会因为快乐而明快，情也会因为快乐而愉快。人生难免有伤痛和忧愁，在很多情况下，我们既然不能改变事情，那就要学会从平淡里看精彩，在静默中品生动。一个人无忧无虑并不就代表快乐，一个想得明、看得开的人就是快乐的，让我们用积极乐观的态度来对待生命中的不快！

有本事把生活的难堪调剂成舞曲

每个人都生活在特定的环境中，由于所处的具体人生环境不同，有些人会旗开得胜，而有些人却屡屡败北；有些人在人生道路上走得顺顺当当，有些人却经历着一波三折。即使是同一个人在一生中，也会有顺境与逆境的交替，而那些会生活的人可以将生活的难堪调剂成舞曲。

相比于逆境，人们更喜欢顺境。因为在同等条件下，在顺境中通向奋斗的目标，就像顺水行舟，占有了天时、地利、人和等有利因素，让人们容易实现目标。可是顺境却并不是完全对人们有利的，人们在顺境中往往因为优越的条件、气氛而滋生娇气，从而因为自满自足而斗志衰退。

古人所说的"生于忧患，死于安乐"，就是对顺境在人的一生中起的消极作用的警戒。人们在逆境中行走，却犹如逆水行舟，要经历更多的艰辛，付出更大的努力，才能取得成功。所以，逆境也只是增加了人们向目标前进的难度，而不会剥夺奋斗目标的权利及实现理想的可能性。

一个女孩说，在她小的时候，每次考试后，总有几个女孩因为成绩不理想而哭得一塌糊涂，让周围的同学们急得搜肠刮肚地想法子劝解。可是她却是个例外，她一向成绩突出，但当她偶然失利时，大家从她的脸上丝毫看不到难过和失落，而是始终带着开心、爽朗的微笑。后来，班里的同学渐渐地都明白了一个事实：就算可以让太阳从西边出来，也别想让她放弃乐观。

有几个要好的女同学在私下里问她："为什么你成绩考不好时也不伤心呢？为什么从来没有见你哭过鼻子？"她却依然挂着甜蜜的微笑说："人不可能时时刻刻都出类拔萃，但只要我能尽力做到最好的自己就可以了。在全力以赴地付出后，剩下的就只能交给生活了。"

后来，她那身患重病的父亲去世了，也使家中的生活一度拮据到极点，很多情况下，她只能一天用一个面包来充饥。在这种恶劣的生活环境中，她仍然擦干眼泪，继续面带笑容地生活，并且在学业上取得了非常出色的成绩。过了十几年，她成为上海电视台的当家花旦，生活有了质的飞跃。事业、生活一帆风顺的她，就在此时突然接到中央电视台的邀请。这让她有些难以选择，因为她在上海已经拥有不小的成绩，去北京虽然是一个全新的发展机会，却要面临着一切从零开始的挑战。但经过深思熟虑后，她还是毅然选择了北上，在竞争异常激烈的央视开始了全新的打拼。

她刚刚到北京的时候，经历过人生最压抑、最低落的一段日子，但在那段苦日子里她却不曾发过一句牢骚，也没有过丝毫抱怨。她对自己的家人和朋友说，她已经尽全力做到最好的自己，即使不能成功也要轻松、快乐地面对。她身边的人也被她的乐观情绪所感染，也不再多说什么。

就是这么一个乐观的女孩，在学校里的时候，不会因为自己的成绩一时不好而闹情绪、哭鼻子，而是依然微笑着面对；当面临丧父之痛，家庭经济陷入拮据时，仍然擦干眼泪，还是用微笑面对生活；她会放弃自己曾经获得的成功，去选择一份全新的挑战。

在新的挑战中，苦日子也会有，但她却不会以消极的态度对待，而是轻松、快乐面对。最终凭借自己拥有的实力和乐观积极的心态，为自己又一次赢得人生的成功。生活中即使有逆境、有难堪也不要怕，只要用正确的心态去面对，难堪也只是自己走向快乐的一段小插曲。

1958年，谢坤山出生在台湾省台东县，他是知名的口足画家，曾经出版自传《我是谢坤山》，并在慈济大爱电视台演出《谢坤山的故事》。谢坤山因为家境贫寒，所以很早他就辍学了，但他也因为贫困的生活而变得早熟，从小就懂得父母的艰辛与劳苦。他从12岁起就到工地打工，用稚嫩的肩头把这个家支撑起来。

可是这个懂事的孩子偏偏受到不公平的对待，总让他经历一次又一次的灾难。他在16岁那年，因为误触高压电，而失去了一条腿和双臂；23岁时，他又因为一场意外事故而失去了一只眼睛，他心爱的女友也因此离他而去……

可是谢坤山面对接踵而来的打击并不抱怨，更不会沉沦。他为了不拖累可怜的父亲，为了不把这个特困的家庭拖垮，毅然选择了流浪。带着一身的残疾独自一人上路，开始同命运博弈。他在流浪的日子里，一边忙于打工，挣钱糊口，一边还忙于公益事业。后来，他又迷上了绘画，要重新为自己灰色的人生着色。

谢坤山刚开始对绘画一无所知，于是他就到艺术学校旁听，并学习绘画技巧。他没有手，就用嘴作画，先是用牙齿把画笔咬住，再用舌头搅动，为此，他的嘴角经常渗出鲜血。因为缺少一条腿，他就以"金鸡独立"的姿势作画，常常一站就是几个小时。他尤其喜爱在风雨中作画，捕捉那寒风袭来、乌云密布的感觉……就在他人生最困顿时，一位名叫也真的漂亮女孩，力克父母的阻力，毅然走进他的生活。

在这样的支持下，谢坤山更加努力作画，他到处举办画展，在绘画大赛中，他的作品也不断获奖。苍天不负有心人，他在后来终于迎来了人生的辉煌，不但得到了爱情，并有了一个美满、幸福的家庭，事业也有了丰硕的成就，成为很有名气的画家，并赢得社会的尊重。在台湾，他的故事早已家喻户晓，无数青年把他当作楷模。有人曾经问他："如果你有一双健全的手，你最想用它做什么？"他笑着说："我会用左手牵着太太，右手牵着两个女儿，一起走好人生的路。"

谢坤山曾经经历了多少困苦，也许只有他自己一个人清楚，面对这些平常人想都不敢想的痛苦，他却非常乐观、积极地应对，终于凭借自己不懈的努力，由一位重度残疾人变成一位很有名气的画家，不但赢得了事业的成绩，也赢得了家庭的美满。他的经历告诉我们，不可能的事也会变成可能，但前提是你必须不懈地努力，付出更多的努力，保持乐观积极的心态。

人生好比是一粒尘埃，虽然在表现上是自己做着主宰，但实际上却被外部环境影响着。我们很难左右人和事的变迁，但却能保持着良好的心态。不管在昨天发生了什么，不管自己曾经有多么难堪、无奈和苦涩，一切都会过去的。把眼光放到前面，保持自己的自信和乐观，走好自己的每一段路，不管有多少难堪，你也能把它们都调剂成生活的舞曲。

培养幽默乐观的性格

很多人可能在一生中拥有乐观的生活态度，也有搞笑的本领，可是不一定是一个幽默的人。其实幽默乐观是一种特殊情绪，它不仅体现着一种品位、一种素质，也是一种聪明睿智的表现，它会让你变得更加充满智慧，乐观地对待生活。你的生活会因为幽默乐观而多姿多彩、充满乐趣，而且你还可以把幽默乐观传染给周围的人，让他们的生活充满欢声笑语。正如美国一位心理学家所说："幽默是一种最有趣、最有感染力、最具有普遍意义的传递艺术。"

在生活中我们不难发现，一个幽默、乐观的人和会说笑话或可以逗人发笑的人是有很大区别的，只有那些深刻领会幽默内涵的人，才能称得上是幽默乐观的人。他们遇事乐观、大度，会用开玩笑的方式将自己的劣势转化成优势，从而使自己免于尴尬。他们也可以敏捷而机智地指出他人的优点或缺点，并能从微笑中加以肯定或否定……这样的人在生活中充满情趣，那些看似让人痛苦、烦恼的事，他们却能轻松自如地应对，幽默乐观地处理烦恼与矛盾，从而让人感到和谐愉快、友好相融。

有一对残疾夫妇生活在一个小山村里，男人双目失明，女人下肢瘫痪。女人用眼睛观察世界，而男人用双腿丈量生活。时光如水一般地流淌着，日子过得艰辛而平淡，但他们脸上洋溢的幸福却没有被时间冲刷掉。

曾经有人问他们为什么会如此幸福时，他们却异口同声地反问说："我们凭什么不幸福呢？"女人微笑着说："因为我下肢瘫痪，才能完全拥有我丈夫的双腿！"男人也面带笑容地说："因为我双目失明，才可以拥有妻子的眼睛啊！"

就是这么一对乐观的人，不去计较自己的劣势，却把它看作人生的一种幸事：因为缺失，才能拥有彼此的全部。这是多么乐观而幽默的回答啊！正是因为抱有这样的心态，才能让两个人在漫长的岁月里一直幸福地走下去，从而让他们的脸上时刻洋溢着幸福。所以当我们拥有幽默乐观的心态时，一切的不幸在我们眼里也就不算什么了，这是一种生活的境界，达到这样的境界，会让人们变得更加幸福。

有一次卓别林在路上走着，他的身上带着一大笔现款。突然，一个蒙面的强盗从草丛里跳出来。强盗威胁卓别林要他把钱交出来，卓别林答应着说："请你在我帽子上开两枪吧。"于是强盗照他的吩咐在他的头上"叭叭"地开了两枪。"那请你再在我的衣襟上开两枪吧！"卓别林又对强盗说。于是强盗又按他的吩咐在他的衣襟上开了两枪。"请你在我的裤子上打两个洞吧，拜托了。"卓别林恳求强盗说。强盗听了后不耐烦地提起枪，又在他的裤子上打了两枪。这样卓别林已经明白，强盗手里的枪已经没有子弹了，于是他趁强盗不注意，用脚将他绊倒，飞也似的跑了。

卓别林作为世界的幽默大师，他有着超人的幽默和胆量。在遇到强盗时，他表现得非常冷静，用一种冷幽默的方法来试探强盗手中的枪里是否有子弹，当他知道强盗手中的枪已经没有子弹时，立即飞身逃脱。所以在很多危急的时刻，拥有幽默乐观的性格，能让你有时间与对方周旋，从而让你化险为夷。

美国第34任总统艾森豪威尔外表看上去憨厚，笑容可掬，和蔼可亲，其实，他是一位大智若愚型的人物。他在1944年担任欧洲战区盟军最高统帅，在丘吉尔和罗斯福之间周旋，运用巧妙的手腕把英军与美军糅合成一支无坚不摧的勇猛军队，从而击败强敌，他也成为第二次世界大战中最伟大的人物。

由艾森豪威尔领导的百万大军士气旺盛、纪律严明，他成功的秘诀就是"以身作则"。他有一次在谈到领导统帅问题时，找来一根绳子放到桌上，他用手推了推绳子，却没看到绳子动，于是又改用手拉，这时，整条绳子全动了起来。艾森豪威尔就对大家说："领导就像这样，不能推，而是要以身作则来拉动大家。"

艾森豪威尔不但对人宽厚仁慈、公正严明，而且生性幽默、乐观，非常懂得用自嘲对别人进行鼓舞。在第二次世界大战期间，他有一次到前线视察，为了鼓舞士气，他还对官兵们做了演说，可是不巧由于刚下完雨路滑，他讲完话刚要离去时却摔了一跤，引得官兵们哄堂大笑。在他身旁的部队指挥官忙把他扶起来，并要求无礼哄笑的官兵们向他郑重地道歉，可是艾森豪威尔却悄悄地对指挥官说："没关系，我相信，这一跤比刚刚所讲的话更能鼓舞士气。"

艾森豪威尔的暴烈脾气是人人皆知的，大战后由于美国伤亡惨重，所以鼓励大家献血。艾森豪威尔以身作则，立刻用行动让大家来响应这一号召，当他献完血要离开时，一名士兵发现了他，于是他立刻大声说："将军，希望我将来有幸能输进您的血。"艾森豪威尔说："如果你输了我的血，希望你不要染上我的坏脾气。"

有一次他参加某聚会，其中有6位贵宾受邀请做演说，艾森豪威尔被排在最后，轮到他上台时，已经接近午夜，在前5人的疲劳轰炸下，全场听众已经变得疲惫不堪，昏昏欲睡，此时，艾森豪威尔却非常知趣地只说了一句话："演说中总有句号，就让我当那个句号吧！"他最短的演说赢得了满堂彩。

从艾森豪威尔的这些事迹来看，幽默乐观的性格并不是只说一句笑话那么简单，它体现着一个人的学识、素养和应对能力。正因为艾森豪威尔拥有这些能力，当他处于尴尬境地时，能及时地给自己解嘲，也能拿自己的缺点进行调侃，还能认清事态为自己赢得满堂彩。由此可见，幽默乐观的性格是多么难得啊！

在我们的生活中，一个懂幽默的人，必定也充满了乐观的精神，这样会让他变得心胸开阔，哪怕是走到人生的低谷，也会让他微笑地面对，人们能从他的笑声中听到未来的希望。一个幽默乐观的人也是非常自信的，也许他不一定会把自己的心扉向所有的人敞开，但却懂得把自己的喜怒哀乐与别人分享，也不会把事情憋在心里，让自己变得郁郁寡欢，他会拥有一个健康的心态。一个幽默乐观的人有一颗强大的宽容心，所以不会去斤斤计较，凡事与人为善，即便受到别人的伤害，也不会针锋相对地拼个你死我活。所以让自己变得幽默乐观起来吧，你会从中受益无穷。

同食人间烟火，他行，你也不差

　　每个人都有自己的优点，善于发现自己的优点，就会让自己多一份自信。其实任何成绩都是在平凡的开始中一点点走出来的，如果让自己多一份自信，就会离你的梦想更近一步。很多情况下，人们不是被他人打败，真正的敌人往往是自己。我们拥有人生最宝贵的青春，拥有巨大的创造力和火一样的热情，只要踏踏实实地走下去，我们没有理由不自信。

　　1855年，惠特曼的《草叶集》得以问世，这是一本热情奔放的诗集，它冲破了传统格律的束缚，用新的形式来表现民主思想，表现对民族、种族、社会压迫的强烈抗议，对美国和欧洲诗歌的发展产生了巨大的影响。

　　远在康科德的爱默生对《草叶集》的出版激动不已，《草叶集》的出版，让他感到国人期待已久的诗人终于在眼前诞生了，并给予这些诗极高的评价。认为这些诗是"属于美国的诗""有可怕的眼睛和水牛的精神""有着无法形容的魔力""是奇妙的"。在爱默生这样有声誉的作家的褒扬下，让一些本来把《草叶集》评价得一无是处的报刊也马上换了口气，变得温和起来。可是惠特曼的创新写法、新颖的思想内容、不押韵的格式却并不容易被大众接受，《草叶集》也并没有因为受到爱默生的赞扬而畅销。可是，惠特曼却从中增添了勇气和信心，他在1856年底印了第二版，并在这版中加了他的20组新诗。

　　当1860年惠特曼决定印行第三版《草叶集》，并要将一些新作品补进集子时，其中几首刻画"性"的诗歌受到爱默生的极力阻止，认为如果加入这些诗，会使第三版滞销。而惠特曼却对爱默生不以为然地说："删后还会是这么好的书么？"爱默生反驳说："我没说'还'是本好书，我说删了就是本好书！"而执着的惠特曼并没有让步，他向爱默生表示："在我的灵魂深处，我的意念是不服从任何的束缚，而是走自己的路。《草叶集》是不会被删改的，任由它自己繁荣和枯萎吧！"他又说："世上最脏的书就是被删减过的书，删减意味着道歉、投降……"

　　后来，第三版《草叶集》出版后获得巨大的成功，它不久就跨越了国界，传到英格兰和世界的其他地方。

　　面对比较有权威的爱默生，惠特曼并没有改变自己的观念，他对自己充满了信心，终于让自己的《草叶集》不但在出版后获得了巨大的成功，而且很快跨出国界，誉满全球。由此可见，我们在走自己的道路时，不要因为前面站立着一位比较强大的人就把自己看低，相信自己一定会做得更好。

　　埃菲尔铁塔一直被人们认为是力与美的象征，百年来，它一直屹立在法国巴黎香榭丽舍的大道上。但你是否知道，这座名塔在初建时，曾遭到很多人的非议。1889年时，法国适逢法国大革命100周年，法国政府决定隆重庆祝。为展示法国的工业技术和文化方面的成就，要在巴黎举办一次规模空前的世界博览会，并建造一座象征巴黎和法国革命的纪念碑。著名建筑师、结构工程师埃菲尔提出应该建一座金属的高塔来纪念世界博览会，塔高324米，塔身为钢架镂空结构。

　　埃菲尔的提议受到法国皇室及权贵们的非议，认为赤裸裸的金属非常单一无味，很失美感。他们还认为巴黎的天空会因为一个1000英尺高的建筑物而被拉低，并使城市的其他地标受到压制，如罗浮宫、凯旋门和圣母院。法国一位数学教授曾预计，这个建筑盖到748英尺之后，会轰然倒塌。还有的"专家"认为铁塔的灯光会把塞纳河中所有的鱼杀死……

当铁塔开始破土动工时，有超过300位知名的巴黎市民联名签署一份请愿书，阻止这一工程的进行。他们声称巴黎的名誉和形象会因为埃菲尔的"大烛台"而受到损害。可是市政府和埃菲尔对这样的抗议并没有理会，丝毫未影响到建造工作的继续进行，铁塔的建造工程也没有停歇过。在层层指责的阻挠下，埃菲尔自信又坚定地把这座铁塔设计完成了。建成后的铁塔非常壮观，使当初的批评家们也不得不对其由衷地赞赏，其中就包括当时的法国首相皮埃尔·蒂拉尔。他在刚开始时对这个工程持反对意见，但他却在工程结束后给埃菲尔颁发了荣誉军团勋章。

这座铁塔成为法国至高技术的符号，也成为法国的符号，而更让人想不到的是建成后的铁塔成为千古绝唱。不知那位伟大的设计师是否在当时的世博会开幕烟花绽放时，望着铁塔为自己的自信喝彩呢？

如果埃菲尔在当时诸多的压力下，对自己稍有怀疑，放弃继续设计埃菲尔铁塔，那么，被人们誉为美和力量象征的埃菲尔铁塔，也不会屹立在巴黎，并成为千古绝唱。所以只要我们认为自己能做到的事，一定要充满信心，坚定地做下去。相信别人能做到的事，我们也一定能做到，而且绝对不会比别人差。

我们每个人都有生存的权利，也都有自己的长处和存在的价值。爱默生说过："偏见常常扼杀很有希望的幼苗。"为了让自己不被"扼杀",就要有准确的目光和坚定的信念,只要是自己看准的事,就要充满自信地坚持走下去。当然对于一个普通人来说,要想做出一番流传千古、轰轰烈烈的事业是鲜有的,但世界会因为我们的存在而变得更加可爱,因为我们不断地努力,使工作成绩如此耀眼。不要去羡慕别人做出了多少成就,关键是看看人家获得的成就是如何得来的,自己是否也像别人那样付出过。不要对自己妄自菲薄,相信在这个世界上是"天生我材必有用"。

愿你不被生活磨灭初心

在人的一生中，很多情况下会因为某些原因而把自己的初衷忘记，在走过一段时间后忽然会发现很无趣，也很累，偶然会有一天，因为某个人或某些事，突然想起来，曾经的自己不是现在的样子。其实人毕竟不可能完全是感性的或是理性的，我们的心灵或许在人生的道路上被蒙上灰尘，被外物蒙蔽了自己的内心，那我们又如何看待自己的初衷呢？

每个人在这个世上都有其活着的意义，所谓意义就是自己一生所奋斗的目标。我们一直在为这个目标努力着，希望自己能获得成功，成功就要付出汗水。在这条道路上，不管是成功还是失败，都要在每一个环节中尽情地享受和体会。可是当我们没有了目标和理想，做什么都仿佛是做给别人看时，自己活着又有什么意义呢？难道不是违背了我们做人的初衷了吗？

有这样一个故事：

有一天，教授给班上的同学做测试，教授说："如果在山上有两棵树，一棵是粗的，一棵是细的，如果让你去砍树，会选择哪一棵树呢？"大家听后不假思索地一致说："要砍那棵粗的树。"教授笑了笑，又接着说："如果那棵粗的只是一棵普通的杨树，可是那棵细的树却是名贵的红松呢？"大家转念一想，感觉红松要比白杨值钱，于是又说同意砍红松。

教授又微笑着说："如果杨树是一棵挺直、粗壮的树，而红松不但细，还长得七扭八歪的，你们又该如何选择呢？"大家变得疑惑起来，虽然红松名贵些，可是什么也做不了啊，而又粗又直的杨树肯定有其使用价值，于是决定砍杨树。此时教授又加了条件，说："虽然杨树是笔直的，可是因为时间太久，中间已经变得空洞无物，你们会在这个时候砍哪一棵树呢？"面对教授增加的条件，很多同学更加迷茫了，但还是有人说要砍红松，因为空洞的杨树砍下来后也没有用处。教授又说："红松太难砍了，你们又会如何选择呢？"此时同学们都沉默了。教授接着说："如果在杨树上面还有个鸟巢，巢中有几只幼鸟，你们又会选择砍哪一棵树呢？"

终于有人按捺不住，急切地问："教授，您到底想测试些什么呢？"

此时教授收起微笑，严肃地对学们说："你们为什么没人问自己，为什么我要砍树呢？虽然我不断地改变条件，可是最终的结果还是由你们最初的动机决定啊。如果你们想要用来当柴火用，那就可以砍杨树；如果要做工艺品，那就应该砍红松，怎么可以无缘无故地砍树呢？"

这个故事给了我们很深刻的启示。其实教授把这两棵树比作了人生的目标，而他不断变化的条件是影响到我们目标实现的各种因素。在简单的因素下面，我们或许还能看得到自己的目标，但是随着各种因素的不断增加，让我们的目标在心里也变得越来越模糊，越来越困惑。其实就像教授说的那样，本来应该是很简单的事，当我们确定自己的目标后，认清自己的所需，就不会因为外界的迷惑而改变自己的初衷，只有明确自己的目标，才能更好地去实现它。

鲁契亚诺·帕瓦罗蒂是意大利著名的男高音歌唱家，他在回顾自己走向成功之路时说道："我的父亲是一个面包师，在我还是个孩子时，他就开始教我唱歌，鼓励我刻苦练习，培养音乐的功底。后来在我的家乡意大利的摩德纳市，我遇到一名叫阿利戈·波拉的专业歌手，他还收我做他的学生。我那时还在一所师范学院上学。

"在我毕业时，我问父亲该怎么办，是做教师还是成为一名歌唱家。他是这样回答我的：'卢西亚诺，你如果想同时举起两把椅子，只会摔倒在两个椅子之间。你在生活中应该选定一把椅子。'于是我选择了继续唱歌。在之后从艺的道路上，我一直忍受住失败的痛苦，经过7年的不懈努力，才有了一次正式登台的机会，此后，我又用了7年的时间，才能进入大都会歌剧院。我现在的看法是：不论是砌砖工人，还是作家，不管我们选择何种职业，都应有一种献身精神，坚持不懈是关键。我们只能选定一把椅子。"

其实有时候坚持自己的初衷真的会很困难，就像帕瓦罗蒂一样，虽然他没有细说他的失败，可是他用了7年的时间才有了一次正式登台的机会，后来又用了7年的时间，才能进入大都会歌剧院，这是一个多么漫长的过程啊！可是沿着这样的道路走下去，很多情况下我们都能获得成功。人生也像帕瓦罗蒂说的那样，我们只能选择一把椅子，既然选择了，又怎么能轻易地放弃呢？

人生就是一个不断寻找自我的过程，在这个过程中最难的是做自己，了解自己，不管面临什么因素的干扰，都不要忘了初衷，只有不忘初衷才能一直坚持自己的价值与理念。每个人的心中都有一个梦想，而梦想也就是为自己定下的人生目标，人们的梦想总是美好的，可是现实的道路却充满着坎坷，很多人在实现梦想的道路上尽管遭遇无数的挫折，仍然大步向前走下去。坚持住了，熬过后，在不久的将来就能实现自己的梦想，你也就变成了一个成功的人。